ICT 建设与运维岗位能力培养丛书

自动化运维技术

黄君羡　曾振东　刘伟聪　主　编

陈志涛　罗定福　欧阳绪彬　副主编

正月十六工作室　组　编

安淑梅　丁振兴　主　审

电子工業出版社

Publishing House of Electronics Industry

北京·BEIJING

内 容 简 介

本书包含 11 个典型项目案例，内容涵盖公司自动化运维的规划与部署、智能运维平台应用安装，以及交换网络、服务器、存储设备、虚拟化平台的监控与运维，Windows 操作系统、Linux 操作系统、中间件、数据库、业务系统的运维相关知识。

本书由高校教师、高级技师、高级工程师、技术能手等专业人才组建的结构化团队联合编写，基于企业真实业务场景展开项目，覆盖企业 ICT 基础设施全链条对象的运维，帮助读者快速掌握自动化运维的相关理论知识和最佳实践方法，为未来的职业发展打下坚实的基础。

本书提供课程配套微课视频、PPT、教学大纲、课程标准、电子教案、实训题目、环境工具包等丰富且全面的基本教学资源，同时提供拓展项目、网络系统管理赛项训练项目等特色资源。这些资源可以满足项目化教学、岗位技能培训、技能大赛训练、参考工具书等多维需求。

本书有机融入职业规范、科技创新、党的二十大精神等思政育人素质拓展要素，可作为 ICT（信息通信技术）类专业的课程教材，也可作为自动化运维从业人员的学习与实践指导用书。

图书在版编目（CIP）数据

自动化运维技术 / 黄君羡，曾振东，刘伟聪主编.

北京：电子工业出版社, 2025. 2. -- ISBN 978-7-121

-49846-6

Ⅰ. TP2

中国国家版本馆 CIP 数据核字第 20251UX605 号

责任编辑：李　静

印　　刷：涿州市般润文化传播有限公司

装　　订：涿州市般润文化传播有限公司

出版发行：电子工业出版社

　　　　　北京市海淀区万寿路 173 信箱　　　　邮编：100036

开　　本：787×1092　　1/16　　印张：13.25　　字数：297 千字

版　　次：2025 年 2 月第 1 版

印　　次：2025 年 2 月第 1 次印刷

定　　价：42.80 元

凡所购买电子工业出版社图书有缺损问题，请向购买书店调换。若书店售缺，请与本社发行部联系，联系及邮购电话：（010）88254888，88258888。

质量投诉请发邮件至 zlts@phei.com.cn，盗版侵权举报请发邮件至 dbqq@phei.com.cn。

本书咨询联系方式：（010）88254604，lijing@phei.com.cn。

前　言

党的二十大报告指出，坚持把发展经济的着力点放在实体经济上，推进新型工业化，加快建设制造强国、质量强国、航天强国、交通强国、网络强国、数字中国。加快数字中国建设，就是要适应我国发展新的历史方位，全面贯彻新发展理念，以信息化培育新动能，用新动能推动新发展，以新发展创造新辉煌。

随着云计算、大数据、人工智能等新兴技术的快速发展，企业 ICT 基础设施的规模越来越庞大、复杂，传统的运维模式及人力密集型的工作方式已经难以满足现代企业对效率、安全和稳定性的要求。自动化运维技术应运而生，它通过引入自动化工具和平台，实现对 ICT 资产的全面监控和管理，提高运维效率和质量，降低故障风险和成本。

Zabbix 作为自动化运维领域的重要开源软件，发挥着不可替代的作用。全国职业技能大赛网络系统管理赛项引入基于 Zabbix 开发的智能运维平台，考查选手对网络设备、虚拟化平台、服务器操作系统、中间件等关键基础设施的监控与运维能力。该平台具有 Zabbix 提供的所有功能，基于其灵活的扩展性，可实现企业和组织对系统及网络的全面监控与管理。

本书内容涵盖公司自动化运维的规划与部署、智能运维平台应用安装，以及交换网络、服务器、存储设备、虚拟化平台的监控与运维，Windows 操作系统、Linux 操作系统、中间件、数据库、业务系统的运维相关知识，甄选 11 个典型项目案例，按工作过程系统化展开，引导读者高效学习企业 ICT 资产运维的业务技能。

本书通过场景化的项目案例将理论与技术应用密切结合，引导读者掌握监控对象的重点监控指标与技术；通过讲解典型任务实施流程，使读者逐渐具备网络工程素养；通过项目拓展实训引入国赛内容，实现赛教融通，使读者逐步掌握基于自动化运维的核心技能，为成为一名自动化运维工程师打下坚实的基础。

本书极具职业特征，有如下特色。

1. 赛教融通、校企双元开发

本书由高校教师、高级技师、高级工程师、技术能手等专业人才组建的结构化团队联合编写，全面融入自动化运维主流技术、国赛考核内容的技术和知识，在项目中导入了企业典型项目案例和任务实施流程。高校教师团队按照职业教育专业人才培养要求和教学标准，基于职教学生的认知特点，将企业资源进行教学化改造，形成工作过程系统化教材，使教材内容符合自动化运维工程师岗位技能培养要求。

2．项目贯穿、课产融合

（1）递进式场景化项目重构课程序列。

本书围绕自动化运维工程师岗位技能培养要求，基于工作过程系统化方法，按照企业自动化运维工程的实施规律，设计了 11 个进阶式项目案例，并将相关知识融入各项目，让运维知识和应用场景紧密结合，使读者能够学以致用。

（2）用业务流程驱动学习过程。

本书将各项目按企业工程项目实施流程分解为若干工作任务，并通过项目描述、项目分析、项目规划（除项目 1 外）相关知识为任务做铺垫，且任务实施流程由任务规划、任务实施和任务验证（除项目 1 外）构成，符合工程项目实施的一般规律。通过 11 个项目的渐进式学习，读者可以逐步熟悉自动化运维工程师的典型工作任务，熟练掌握任务实施流程，养成良好的运维工程素养。

若将本书作为教学用书，则建议参考学时为 48 学时，如表 1 所示。

表 1　学时分配表

课程内容	学时
项目 1　公司自动化运维的规划与部署	4
项目 2　智能运维平台应用安装	4
项目 3　交换网络监控与运维	4
项目 4　服务器监控与运维	4
项目 5　存储设备监控与运维	4
项目 6　虚拟化平台监控与运维	4
项目 7　服务器操作系统运维（Windows）	4
项目 8　服务器操作系统运维（Linux）	4
项目 9　中间件运维	4
项目 10　数据库运维	4
项目 11　业务系统运维	4
综合项目实训/课程考评	4
学时总计	48

本书由正月十六工作室组织编写，主编为黄君羡、曾振东、刘伟聪，副主编为陈志涛、罗定福、欧阳绪彬，主审为安淑梅、丁振兴。参编单位和编者信息如表 2 所示。

表 2　参编单位和编者信息

参编单位	编者
广东交通职业技术学院	黄君羡、刘伟聪、简碧园
广东行政职业学院	曾振东
顺德职业技术学院	陈志涛
广东松山职业技术学院	罗定福
广东乐维软件有限公司	王乐平
正月十六工作室	林晓晓、王静萍、欧阳绪彬

在本书编写过程中，我们得到了众多技术专家的支持与帮助，他们提出了宝贵的意见和建议。在此，我们对他们表示衷心的感谢。同时，我们也希望本书能够为广大读者带来启迪和帮助。作者电子邮箱地址：author@jan16.cn。

注意，本书软件页面截图中的软件名称与常规用法的软件名称可能不同，如 Zabbix 在软件页面截图中存在全大写的形式。另外，由于本书采用黑白印刷方式，书中涉及的颜色无法识别，但不影响具体阅读，读者可以在页面的实际操作过程中进行识别。

正月十六工作室

2024 年 12 月

目　录

项目 1　公司自动化运维的规划与部署 1

学习目标 1

项目描述 1

项目分析 2

相关知识 2

1.1　传统运维的现状 2

1.2　自动化运维的概念 2

1.3　自动化运维的优点 3

项目实施 3

任务 1-1　确定网络设备监控范围 ... 3

任务 1-2　确定服务器群监控范围 ... 5

项目拓展 7

项目 2　智能运维平台应用安装 9

学习目标 9

项目描述 9

项目分析 9

项目规划 10

相关知识 11

2.1　Zabbix 介绍 11

2.2　Zabbix 的主要功能 11

2.3　LAMP 架构介绍 12

2.4　Zabbix 和 LAMP 的联系 12

项目实施 12

任务 2-1　下载网络源及软件包 12

任务 2-2　安装数据库服务 18

任务 2-3　安装 PHP 服务 24

任务 2-4　编译安装软件包 28

任务 2-5　搭建网页版 Zabbix 30

项目拓展 37

项目 3　交换网络监控与运维 40

学习目标 40

项目描述 40

项目分析 42

项目规划 42

相关知识 43

3.1　SNMP 介绍 43

3.2　SNMP 的工作原理 43

3.3　SNMP 的优点 43

3.4　SNMP 和 Zabbix 监控采集的
　　 关系 44

3.5　监控的自动化功能 44

项目实施 44

任务 3-1　在网络设备上进行 SNMP
　　　　　配置 44

任务 3-2　自动发现网络设备 45

任务 3-3　手动添加网络设备 51

任务 3-4　绘制网络拓扑 54

任务 3-5　进行典型故障处理 61

项目拓展 65

项目 4　服务器监控与运维 68

学习目标 68

项目描述 68

项目分析 69

项目规划 69

相关知识 70

    4.1　商用服务器介绍 70

    4.2　Zabbix 监控流程 70

    4.3　常用的商用服务器监控指标 ... 71

项目实施 71

    任务 4-1　配置并启用服务器

            SNMP 71

    任务 4-2　通过智能运维平台监控

            服务器 74

    任务 4-3　进行典型故障处理 78

项目拓展 80

项目 5　存储设备监控与运维 83

学习目标 83

项目描述 83

项目分析 84

项目规划 84

相关知识 85

    5.1　NAS 介绍 85

    5.2　TrueNAS 介绍 85

    5.3　Zabbix 监控 TrueNAS 设备 85

    5.4　Zabbix 的模板功能 86

    5.5　Zabbix 的监控指标 86

项目实施 87

    任务 5-1　导入 TrueNAS 监控

            模板 87

    任务 5-2　监控存储设备 92

    任务 5-3　进行典型故障处理 95

项目拓展 99

项目 6　虚拟化平台监控与运维 102

学习目标 102

项目描述 102

项目分析 103

项目规划 103

相关知识 104

    6.1　虚拟化介绍 104

    6.2　ESXi 虚拟化平台介绍 104

    6.3　Zabbix 的虚拟化监控采集 105

    6.4　Zabbix 监控虚拟化平台的

          指标 105

项目实施 106

    任务 6-1　创建虚拟化平台只读

            用户 106

    任务 6-2　智能运维平台监控虚拟化

            平台 109

    任务 6-3　进行典型故障处理 113

项目拓展 114

项目 7　服务器操作系统运维

（Windows） 117

学习目标 117

项目描述 117

项目分析 118

项目规划 118

相关知识 119

    7.1　Zabbix-agent 介绍 119

    7.2　Zabbix-agent 的工作模式 119

    7.3　Windows 操作系统的重点监控

          指标 119

项目实施 120

    任务 7-1　在 Windows 操作系统中

            安装 agent 组件 120

    任务 7-2　在智能运维平台上查看

            资源使用情况 125

    任务 7-3　进行典型故障处理 129

项目拓展 132

项目 8　服务器操作系统运维（Linux） 134

学习目标 134

项目描述 134

项目分析 135

项目规划 135

相关知识 136

    8.1　Linux 操作系统监控的基础

          知识 136

8.2　Linux 操作系统的重点监控
指标 136

项目实施 137

任务 8-1　在 Linux 操作系统中安装
agent 组件 137

任务 8-2　在智能运维平台上查看
资源使用情况 140

任务 8-3　进行典型故障处理 142

项目拓展 144

项目 9　中间件运维 147

学习目标 147

项目描述 147

项目分析 148

项目规划 148

相关知识 149

9.1　中间件的概念 149

9.2　Zabbix 的宏功能介绍 149

9.3　宏示例 150

9.4　Zabbix 的 Nginx 监控
采集 150

项目实施 151

任务 9-1　安装 Nginx 服务并对外
发布 151

任务 9-2　配置 Nginx 服务启用
状态页 156

任务 9-3　平台纳管中间件
Nginx 157

任务 9-4　进行典型故障处理 160

项目拓展 163

项目 10　数据库运维 165

学习目标 165

项目描述 165

项目分析 166

项目规划 166

相关知识 167

10.1　Zabbix-agent2 167

10.2　Zabbix 对数据库的重点监控
指标介绍 167

项目实施 168

任务 10-1　添加 MySQL 监控
用户 168

任务 10-2　平台纳管数据库
MySQL 170

任务 10-3　进行典型故障处理 177

项目拓展 179

项目 11　业务系统运维 182

学习目标 182

项目描述 182

项目分析 183

项目规划 183

相关知识 185

11.1　企业的业务系统和关键业务
系统 185

11.2　ICT 基础设施和业务系统的
关系 185

11.3　Zabbix 大屏介绍 187

项目实施 187

任务 11-1　纳管门户网站业务系统
的关联对象 187

任务 11-2　配置业务系统拓扑 192

任务 11-3　配置业务监控大屏 197

项目拓展 203

项目1 公司自动化运维的规划与部署

知识目标:

(1)理解自动化运维的概念。

(2)理解自动化运维的优点。

能力目标:

(1)掌握确定网络设备监控范围的方法。

(2)掌握确定服务器群监控范围的方法。

素养目标:

(1)通过分析自动化运维的规划与部署方案,树立问题导向意识。

(2)通过团队协作及沟通,树立协作意识。

项目描述

Jan16 公司建设了一个高效的云数据中心以满足公司数字化业务对计算和存储的需求。该云数据中心投入运营后,就承载了公司 ERP、门户网站等多个关键生产业务系统。考虑到对云数据中心交换网络、云计算节点、服务器等关键平台的安全监测需要,Jan16 公司成立了网络运维部,对云数据中心进行安全运维。

为了对云数据中心进行安全运维,该公司主要从以下 4 个方面完成项目建设。

(1)智能运维平台的搭建与部署:在 Kylin-v10 操作系统上完成智能运维平台的搭建与部署。

(2)通过智能运维平台对网络设备进行运维操作:对路由器和交换机进行相关配置,使得智能运维平台能对其进行运维操作。

(3)通过智能运维平台对底层系统进行运维操作:对服务器和操作系统进行相关配

置，使得智能运维平台能对其进行运维操作。

（4）通过智能运维平台对生产业务系统进行运维操作：对生产业务系统进行相关配置，使得智能运维平台能对其进行监控运维操作。

项目分析

运维人员在部署 Zabbix 监控设备之前，需要确保已经充分了解公司的业务需求和网络环境，公司对监控系统的需求和期望，以及公司的业务特点和流程。

因此，运维人员需要收集相关文档和资料，工作任务如下。

（1）确定网络设备监控范围：收集公司的网络拓扑、网络设备信息及网络设备规划等相关文档和资料，以便更好地了解公司的网络环境和设备情况。

（2）确定服务器群监控范围：收集公司的服务器群的业务系统拓扑、服务器操作系统信息及业务系统信息等相关文档和资料，以便更好地了解公司的网络环境和设备情况。

相关知识

1.1　传统运维的现状

网络运维团队负责管理公司的数据中心，包括服务器、网络设备和各种应用程序。当数据中心出现故障时，在传统的运维模式下，运维人员需要逐个检查服务器、网络设备和应用程序，以确定故障原因。这个过程通常需要大量时间，而且需要多方协作，效率较低。

此外，由于运维人员主要依赖个人经验进行故障定位，因此可能出现误判或漏判的情况，导致故障无法及时解决。同时，由于传统运维缺乏自动化工具，因此许多任务需要手动操作，这进一步降低了运维效率。

1.2　自动化运维的概念

自动化运维（Automation Operations）是一种以自动化工具和技术来管理、维护与优化 ICT 基础设施和应用系统的方法。它旨在减少人工干预、提高效率、降低成本和提高服务质量。自动化运维涉及一系列流程，包括配置管理、部署、监控、告警、备份、恢复和日志管理等。

1.3 自动化运维的优点

为了应对传统运维的效率较低等问题，公司引入了自动化运维工具，以实现运维过程的自动化。首先，运维人员将服务器监控系统与自动化告警系统集成，以便在检测到异常时自动发送告警信息。其次，运维人员使用了自动化部署和配置管理工具，以便在需要时自动部署和配置服务器。最后，运维人员还使用了自动化测试工具，以便在将代码提交到生产环境之前自动执行测试。

通过这些自动化运维措施，公司的运维效率得到了显著提升。当出现故障时，运维人员可以更快地找到问题并解决问题。同时，由于减少了人工干预，公司降低了出错的概率，提高了服务的稳定性和可用性。此外，由于自动化工具可以快速扩展以满足需求，因此公司可以更好地应对业务增长。综上所述，通过采用自动化运维，公司提高了运维效率、降低了运维成本并提高了服务质量。

自动化运维的优点如表 1-1 所示。

表 1-1 自动化运维的优点

优点	描述
提高运维效率	通过自动化任务，节省运维人员的时间和精力，提高运维效率
降低运维成本	减少人工干预，降低人力成本和错误率
提高服务质量	确保服务的稳定性和可用性，提升用户体验
提高安全性	帮助公司更快地响应安全威胁，降低风险
可扩展性	随着业务的增长，可以轻松地扩展以满足需求

项目实施

任务 1-1 确定网络设备监控范围

 任务规划

在本任务中，运维人员需要收集公司的网络拓扑、网络设备信息及网络设备规划等相关文档和资料，以便更好地了解公司的网络环境和设备情况。

（1）网络拓扑。

（2）网络设备信息及网络设备规划。

（3）网络环境运维需求。

任务实施

运维人员与网络管理部门成员进行核对，确认网络环境的基本信息与运维需求，最终收集到公司的网络拓扑、网络设备信息及网络设备规划、网络环境运维需求。

1. 网络拓扑

公司的网络拓扑如图 1-1 所示。

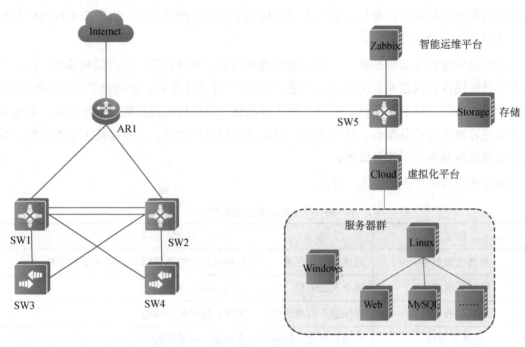

图 1-1　网络拓扑

2. 网络设备信息及网络设备规划

公司的网络设备信息如表 1-2 所示。

表 1-2　网络设备信息

设备命名	设备类型	型号	管理 IP 地址
AR1	路由器	AR2220	10.1.1.1
SW1	交换机	S5700	10.1.1.2
SW2	交换机	S5700	10.1.1.6
SW3	交换机	S5700	192.168.100.3
SW4	交换机	S5700	192.168.100.4
SW5	交换机	S5700	192.168.200.254

公司的网络设备规划如表 1-3 所示。

表 1-3　网络设备规划

设备	接口	IP 地址	子网掩码
AR1	G0/0/1	10.1.1.9	255.255.255.252
AR1	G0/0/2	10.1.1.1	255.255.255.252
AR1	G0/0/3	10.1.1.5	255.255.255.252
SW1	G0/0/24	10.1.1.2	255.255.255.252
SW1	VLAN10	192.168.10.251	255.255.255.0
SW1	VLAN20	192.168.20.251	255.255.255.0
SW1	VLAN30	192.168.30.251	255.255.255.0
SW1	VLAN100	192.168.100.254	255.255.255.0
SW2	G0/0/24	10.1.1.6	255.255.255.252
SW2	VLAN10	192.168.10.252	255.255.255.0
SW2	VLAN20	192.168.20.252	255.255.255.0
SW2	VLAN30	192.168.30.252	255.255.255.0
SW2	VLAN100	192.168.100.2	255.255.255.0
SW3	VLAN100	192.168.100.3	255.255.255.0
SW4	VLAN100	192.168.100.4	255.255.255.0
SW5	G0/0/24	10.1.1.10	255.255.255.252
SW5	VLAN200	192.168.200.254	255.255.255.0

3. 网络环境运维需求

公司的云数据中心投入运营后，就承载了公司 ERP、门户网站等多个关键生产业务系统。为了保证数据中心交换网络的安全，公司需要在运维服务器上部署监控系统，实现交换网络的监控与运维，具体包括以下内容。

（1）实现自动化监控云数据中心的部分网络设备。

（2）实现手动监控云数据中心的部分网络设备。

任务 1-2　确定服务器群监控范围

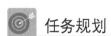 **任务规划**

在本任务中，运维人员需要收集公司的服务器群的业务系统拓扑、服务器操作系统信息及业务系统信息等相关文档和资料，以便更好地了解公司的网络环境和服务器群情况。

（1）服务器群的业务系统拓扑。

（2）服务器操作系统信息及业务系统信息。

（3）业务系统运维需求。

任务实施

运维人员与业务管理部门成员进行核对，确认网络环境的基本信息与运维需求，最终收集到公司的服务器群的业务系统拓扑、服务器操作系统信息及业务系统信息、业务系统运维需求。

1. 服务器群的业务系统拓扑

服务器群的业务系统拓扑如图 1-2 所示。

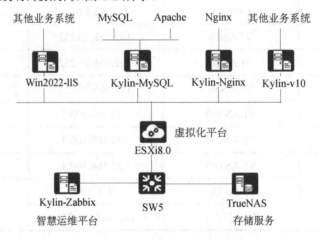

图 1-2　服务器群的业务系统拓扑

2. 服务器操作系统信息及业务系统信息

公司的服务器操作系统信息如表 1-4 所示。

表 1-4　服务器操作系统信息

服务器名称	IP 地址	网关	操作系统	管理账号	密码
TrueNAS	192.168.200.106	192.168.200.254	FreeBSD	root	Jan16@123
Kylin-Nginx	192.168.200.102	192.168.200.254	Kylin_v10_SP3	root	Jan16@123
Kylin-v10	192.168.200.103	192.168.200.254	Kylin_v10_SP3	root	Jan16@123
Kylin-MySQL	192.168.200.104	192.168.200.254	Kylin_v10_SP3	root	Jan16@123
Kylin-Zabbix	192.168.200.105	192.168.200.254	Kylin_v10_SP3	root	Jan16@123
VM1	192.168.200.100	192.168.200.254	VMware ESXi	root	Jan16@123
Win2022-IIS	192.168.200.101	192.168.200.254	Windows Server 2022	Administrator	Jan16@123

公司的业务系统信息如表 1-5 所示。

表 1-5 业务系统信息

服务器名称	业务服务	操作系统	管理账号	密码	访问方式
TrueNAS	存储	FreeBSD	root	Jan16@123	http://192.168.200.106
Kylin-Nginx	Nginx	Kylin_v10_SP3	root	Jan16@123	http://192.168.200.102
Kylin-MySQL	MySQL	Kylin_v10_SP3	jan16	Jan16@123	mysql -ujan16 -pJan16@123
Kylin-Zabbix	智能运维平台	Kylin_v10_SP3	Admin	zabbix	http://192.168.200.105/zabbix
VM1	虚拟化平台	VMware ESXi	root	Jan16@123	http://192.168.200.100
Win2022-IIS	IIS	Windows Server 2022	Administrator	Jan16@123	ssh Administrator@192.168.200.101

3. 业务系统运维需求

公司的云数据中心投入运营后，就承载了公司 ERP、门户网站等多个关键生产业务系统。为了保证业务系统安全，公司需要对服务器、存储设备、操作系统等关键部分进行安全监测，具体包括以下内容。

（1）服务器监控与运维。

（2）存储设备监控与运维。

（3）虚拟化平台监控与运维。

（4）服务器操作系统运维（Windows）。

（5）服务器操作系统运维（Linux）。

（6）中间件运维。

（7）数据库运维。

（8）业务系统运维。

项目拓展

理论题

1. 自动化运维是一种以自动化工具和（　　）来管理、维护与优化 ICT 基础设施和应用系统的方法。

A. 技术　　　　　　B. 告警　　　　　　C. 监控　　　　　　D. 备份

2. 自动化运维的特点包括（　　　）。（多选）

A. 提高效率　　　　　　　　B. 降低成本

C. 降低安全性　　　　　　　D. 提高服务质量

3. 自动化运维涉及的一系列流程包括（　　　）。（多选）

A. 管理　　　　　B. 部署　　　　　C. 监控　　　　D. 备份

项目 2　智能运维平台应用安装

学习目标

知识目标：

（1）了解智能运维平台的组成及功能。

（2）了解 LAMP 架构。

能力目标：

（1）掌握智能运维平台的安装方法。

（2）掌握智能运维平台的网页版搭建方法。

素养目标：

（1）通过认识和理解智能运维平台，树立持续学习意识。

（2）通过自主搭建智能运维平台，树立实践意识。

项目描述

Jan16 公司的云数据中心投入运营后，就承载了公司 ERP、门户网站等多个关键生产业务系统。考虑到对云数据中心交换网络、云计算节点、服务器等关键平台的安全监测需要，Jan16 公司决定在智能运维服务器上部署智能运维平台，具体要求如下。

（1）配置服务器基础环境。

（2）搭建智能运维平台。

项目分析

根据项目背景和需求进行分析，本项目需要先在服务器上搭建 vSphere 虚拟化平台或 VMware Workstation 虚拟化平台，然后在虚拟化平台上部署服务器，最后在该服务器上部署智能运维平台，通过智能运维平台对业务系统的软硬件等进行监控。具体工作任务如下。

（1）下载网络源及软件包。

（2）安装数据库服务。

（3）安装 PHP 服务。

（4）编译安装软件包。

（5）搭建网页版 Zabbix。

项目规划

运维人员决定使用 Zabbix 作为智能运维平台，为公司服务器提供运维服务。运维人员首先需要在服务器上安装操作系统，然后搭建 Zabbix 智能运维平台。本项目选用的操作系统为 Kylin 服务器操作系统，服务器基本信息如表 2-1 所示。

表 2-1　服务器基本信息

基本信息	参数
系统版本	Kylin_v10_SP3
IP 地址/子网掩码	192.168.200.105/24
用户名	root
密码	Jan16@123
网关	192.168.200.254

然而，要在服务器上搭建 Zabbix 智能运维平台，需要在服务器上预先安装对应的软件包，包括 Apache、MySQL、PHP 等。其中，Apache 直接面向用户提供网站访问功能，支持发送网页、图片等文件内容；MySQL 用于存储各种账户信息、设备信息、业务数据等，其他程序可以通过 SQL 语句来查询、更改这些信息；PHP 用于处理 HTTP 请求、构建响应报文、配置 Apache 支持 PHP 程序、提供 PHP 程序的解释器和数据库连接等。在服务器上安装的软件包信息如表 2-2 所示。

表 2-2　软件包信息

软件包	版本
Apache	2.4.43
MySQL	8.0.31
PHP	7.4.30

相关知识

2.1　Zabbix 介绍

Zabbix 是一个开源的监控系统和网络管理平台，用于收集、监控和处理服务器、网络设备及应用程序的性能数据。它支持多种操作系统（如 Linux、Windows、macOS 等）和虚拟化技术（如 KVM、VMware、Xen 等），提供了丰富的功能，可以帮助用户实时监控 ICT 基础设施，及时发现和解决问题，保证服务的稳定性和可用性。

2.2　Zabbix 的主要功能

1. 监控

Zabbix 可以监控各种设备和服务，如服务器、网络设备、数据库、Web 服务等。它支持多种监控指标，如 CPU 使用率、内存使用率、磁盘使用率、网络流量等。

2. 可视化

Zabbix 提供了一个 Web 页面，用户可以通过该页面查看监控数据，设置告警阈值，查看历史数据等。此外，Zabbix 还支持创建自定义的监控仪表盘，以便用户关注关键指标。

3. 告警

Zabbix 可以设置告警阈值，当监控指标超过告警阈值时，就会自动发送告警通知。它支持多种通知方式，如电子邮件、短信、微信等。

4. 自动化

Zabbix 支持自动化操作，如自动发现设备、自动注册监控、自动部署模板等。用户可以通过编写脚本，实现更多的自动化功能。

5. 历史数据存储

Zabbix 可以存储监控数据的历史记录，以便用户直观查看性能的变化趋势并分析可能存在的问题。

6. 模板

Zabbix 提供了模板功能，用户可以通过模板快速部署监控，简化配置过程。

7. 社区支持

Zabbix 有一个活跃的社区，用户可以在社区中寻求帮助、分享经验和插件。

2.3　LAMP 架构介绍

LAMP（Linux+Apache+MySQL+PHP）是一个用于构建动态网站和 Web 应用的开源软件组合。它由以下组件构成。

（1）Linux：一种开源的操作系统，提供了稳定的运行环境和丰富的工具，可以作为 Web 服务器的操作系统。

（2）Apache：一个开源的 Web 服务器软件，用于处理 HTTP 请求，提供静态和动态内容。

（3）MySQL：一个开源的数据库管理系统，用于存储和管理网站与应用的数据。

（4）PHP：一种开源的脚本语言，用于 Web 应用程序的开发。

2.4　Zabbix 和 LAMP 的联系

Zabbix 可以作为 LAMP 架构中的监控组件，用于监控整个 Web 应用的性能。通过监控 Apache、MySQL 和 PHP 的运行状态，Zabbix 可以及时发现和解决问题，保证服务的稳定性和可用性。

Zabbix 支持多种监控指标，可以帮助用户了解整个 Web 应用的资源使用情况。Zabbix 可以监控 MySQL 数据库的性能，如查询速度、连接数等，帮助用户及时发现性能瓶颈。Zabbix 支持监控 PHP 脚本的执行时间、内存使用情况等，帮助用户优化 PHP 脚本的性能。Zabbix 还提供了可视化页面，可以帮助用户实时查看整个 Web 应用的监控数据，在遇到问题时及时采取相应措施。

通过将 Zabbix 与 LAMP 架构相结合，用户可以实现对 Web 应用的全方位监控和管理，保证服务的稳定性和可用性。

项目实施

任务 2-1　下载网络源及软件包

扫一扫，看微课

 任务规划

在本任务中，运维人员通过下载和配置网络源，能够选择更丰富的软件包。在连接到互联网后，运维人员可以访问大量的软件仓库。这些软件仓库中包含了各种各样的软件包，运维人员可以在其中查找主流的、常见的软件包，以便下载自己需要的软件包。本任务的实施步骤如下。

（1）配置 IP 地址。

（2）配置 MySQL 网络源。

（3）配置组件网络源。

（4）下载 Zabbix 软件包。

任务实施

1. 配置 IP 地址

使用 nmcli 命令创建一个名称为 ens160 的有线网络连接，配置该连接的 IPv4 地址为 192.168.200.105，网关为 192.168.200.254，并将其设置为启动时自动连接，代码如下。

```
[root@jan16 ~]#nmcli con add type  ethernet ifname ens160 con-name ens160
ipv4.addresses 192.168.200.105/24 ipv4.gateway 192.168.200.254 ipv4.method
manual  autoconnect yes
```

2. 配置 MySQL 网络源

（1）使用 wget 命令下载 MySQL 的 RPM 网络源安装包，代码如下。

```
[root@jan16 ~]#
wget https://repo.my***.com//mysql80-community-release-el8-1.noarch.rpm

--2023-09-11 17:20:59--  https://repo.my***.com//mysql80-community-release-
el8-1.noarch.rpm
正在解析主机 repo.mysql.com （repo.mysql.com）... 23.75.212.230,
2600:1417:a000:190::1d68, 2600:1417:a000:19b::1d68
正在连接repo.mysql.com（repo.mysql.com）|23.75.212.230|:443... 已连接。
已发出HTTP请求，正在等待回应... 200 OK
长度: 30388 （30K） [application/x-redhat-package-manager]
正在保存至: "mysql80-community-release-el8-1.noarch.rpm"

mysql80-community-re 100%[===================>]  29.68K  --.-KB/s  用时0.04s

2023-09-11 17:21:00 （670 KB/s）-已保存 "mysql80-community-release-el8-
1.noarch.rpm" [30388/30388]）
```

（2）使用 RPM 包管理器安装名称为 mysql80-community-release-el8-1.noarch.rpm 的 MySQL 社区版发布包，代码如下。

```
[root@jan16 ~]# rpm -ivh mysql80-community-release-el8-1.noarch.rpm
警告: mysql80-community-release-el8-1.noarch.rpm: 头V3 DSA/SHA1 Signature, 密
钥ID 5072e1f5: NOKEY
Verifying...                         ############################### [100%]
准备中...                             ############################### [100%]
```

```
正在升级/安装...
  1:mysql80-community-release-el8-1 ############################## [100%]
```

3. 配置组件网络源

（1）使用 curl 命令从指定的 URL 地址下载文件并将其保存到/etc/yum.repos.d/目录下，文件名为 Kylin-Base.repo，代码如下。

```
[root@jan16 ~]# cd /etc/yum.repos.d/   ##切换到Yum源目录下
[root@jan16 yum.repos.d]#
curl -o /etc/yum.repos.d/Kylin-Base.repo http://mirrors.ali***.com/repo/
Centos-8.repo
##从指定的URL地址下载文件到当前目录下


  % Total    % Received % Xferd  Average Speed   Time    Time     Time  Current
                                 Dload  Upload   Total   Spent    Left  Speed
100  2590  100  2590    0     0  10836      0 --:--:-- --:--:-- --:--:-- 10836
```

（2）将 Kylin-Base.repo 文件中所有的 mirrors.cloud.aliyuncs.com 替换为 mirrors.aliyun.com，代码如下。

```
[root@jan16 yum.repos.d]#
sed -i -e "s|mirrors.cloud.aliyuncs.com|mirrors.aliyun.com|g" /etc/yum.
repos.d/Kylin-Base.repo
```

> **备注：**
>
> "sed"是一个流编辑器，用于对输入流（或文件）进行基本的文本转换。
>
> "-i"选项用于告诉 sed 直接编辑文件，而不用输出到标准输出中。也就是说，它允许直接修改指定的文件。
>
> "-e"选项允许为 sed 提供脚本，这样用户就可以直接在命令行上指定要执行的命令。
>
> "s|mirrors.cloud.aliyuncs.com|mirrors.aliyun.com|g"是 sed 的一个替换命令。其中，"s"表示替换操作；"|"在这里被用作分隔符，代替了常用的 /，这允许我们在模式或替换字符串中包含"/"字符而无须转义；"mirrors.cloud.aliyuncs.com"是要被替换的文本或模式；"mirrors.aliyun.com"是用于替换上述模式的文本；"g"表示全局替换，即替换文件中的每一处匹配。

（3）将文件中所有的 $releasever 替换为 8-stream，代码如下。

```
[root@jan16 yum.repos.d]# sed -i 's/$releasever/8-stream/g' Kylin-
Base.repo
```

> **备注：**
>
> "s"表示替换；"g"表示全局替换，即一行中的所有匹配项都将被替换。

（4）将 kylin_x86_64.repo 文件备份为 kylin_x86_64.repo.bak 文件，代码如下。

```
[root@jan16 yum.repos.d]# mv kylin_x86_64.repo kylin_x86_64.repo.bak
```

（5）更新和清理 Yum 包管理器中的缓存，代码如下。

```
[root@jan16 yum.repos.d]# yum clean all && yum makecache

11 文件已删除
CentOS-8-stream-Base-mirrors.aliyun.com        1.1 MB/s | 47 MB    00:41
CentOS-8-stream-Extras-mirrors.aliyun.com      61 kB/s | 18 kB    00:00
CentOS-8-stream-AppStream-mirrors.aliyun.com 1.2 MB/s | 33 MB    00:28
MySQL 8.0 Community Server                     1.7 MB/s | 3.2 MB   00:01
MySQL Connectors Community                     386 kB/s | 102 kB   00:00
MySQL Tools Community                          1.7 MB/s | 794 kB   00:00
元数据缓存已建立。
```

4. 下载 Zabbix 软件包

（1）从指定的 URL 地址下载一个名称为 zabbix-6.4.6.tar.gz 的压缩文件，代码如下。

```
[root@jan16 ~]#
wget https://cdn.zab***.com/zabbix/sources/stable/6.4/zabbix-6.4.6.tar.gz
--2023-09-11 17:32:55-- https://cdn.zab***.com/zabbix/sources/stable/6.4/
zabbix-6.4.6.tar.gz
正在解析主机 cdn.zabbix.com （cdn.zabbix.com）... 104.26.6.148,
2606:4700:20::681a:794, 2606:4700:20::681a:694, ...
正在连接 cdn.zabbix.com （cdn.zabbix.com）|104.26.6.148|:443... 已连接。
已发出 HTTP 请求，正在等待回应... 200 OK
长度: 43744978 （42M） [application/octet-stream]
正在保存至: "zabbix-6.4.6.tar.gz"

zabbix-6.4.6.tar.gz 100%[=====================>]  41.72M  1.24MB/s 用时34s

2023-09-11  17:33:31  （1.24  MB/s） - 已保存  "zabbix-6.4.6.tar.gz"
[43744978/43744978]）
```

（2）将压缩文件下载完成后进行解压缩，代码如下。

```
[root@jan16 ~]#
[root@jan16 ~]# tar -zxvf zabbix-6.4.6.tar.gz
zabbix-6.4.6/
zabbix-6.4.6/AUTHORS
zabbix-6.4.6/m4/
zabbix-6.4.6/m4/zlib.m4
zabbix-6.4.6/m4/libssh2.m4
zabbix-6.4.6/m4/libopenssl.m4
zabbix-6.4.6/m4/ax_lib_oracle_oci.m4
```

```
zabbix-6.4.6/m4/ax_lib_postgresql.m4
zabbix-6.4.6/m4/check_enum.m4
······省略部分内容······
```

（3）为确保 Zabbix 守护进程的安全运行，每个守护进程都需要以非特权用户身份运行。当守护进程由 root 用户启动时，它会随后切换为预先设定的 zabbix 用户，所以这个用户必须存在于系统中。当守护进程由非特权用户启动时，它将直接以该用户身份运行。因此，我们需要创建一个名称为 zabbix 的新用户组，并在该用户组下创建同名的新用户 zabbix，专门用于运行 Zabbix 守护进程，代码如下。

```
[root@jan16 ~]# groupadd --system zabbix
[root@jan16 ~]#      useradd --system -g zabbix -d /usr/lib/zabbix -s
/sbin/nologin -c "zabbix Monitoring System" zabbix
[root@jan16 ~]#
[root@jan16 ~]# mkdir -m u=rwx,g=rwx,o= -p /usr/lib/zabbix
[root@jan16 ~]#      chown zabbix:zabbix /usr/lib/zabbix
```

📖 任务验证

（1）使用 ip address 命令，通过加粗部分可以查看本机的 IP 地址和子网掩码，执行代码及验证结果如下。

```
[root@jan16 ~]# ip address
1: lo: <LOOPBACK,UP,LOWER_UP> mtu 65536 qdisc noqueue state UNKNOWN group
default qlen 1000
    link/loopback 00:00:00:00:00:00 brd 00:00:00:00:00:00
    inet 127.0.0.1/8 scope host lo
      valid_lft forever preferred_lft forever
    inet6 ::1/128 scope host
      valid_lft forever preferred_lft forever
2: ens33: <BROADCAST,MULTICAST,UP,LOWER_UP> mtu 1500 qdisc mq state UP
group default qlen 1000
    link/ether 00:0c:29:1d:7e:d3 brd ff:ff:ff:ff:ff:ff
    inet 192.168.200.105/24 brd 192.168.200.255 scope global noprefixroute
ens160
      valid_lft forever preferred_lft forever
    inet6 fe80::8ba0:214e:75c4:9cc7/64 scope link noprefixroute
      valid_lft forever preferred_lft forever
```

（2）使用 cat 命令查看下载好的 MySQL 社区版发布包，执行代码及验证结果如下。

```
[root@jan16 ~]# cat /etc/yum.repos.d/mysql-community.repo
[mysql80-community]
name=MySQL 8.0 Community Server
baseurl=http://repo.mysql.com/yum/mysql-8.0-community/el/8/$basearch/
enabled=1
gpgcheck=1
```

```
gpgkey=file:///etc/pki/rpm-gpg/RPM-GPG-KEY-mysql

[mysql-connectors-community]
name=MySQL Connectors Community
baseurl=http://repo.mysql.com/yum/mysql-connectors-
community/el/8/$basearch/
enabled=1
gpgcheck=1
gpgkey=file:///etc/pki/rpm-gpg/RPM-GPG-KEY-mysql

[mysql-tools-community]
name=MySQL Tools Community
baseurl=http://repo.mysql.com/yum/mysql-tools-
community/el/8/$basearch/
enabled=1
gpgcheck=1
gpgkey=file:///etc/pki/rpm-gpg/RPM-GPG-KEY-mysql

[mysql-tools-preview]
name=MySQL Tools Preview
baseurl=http://repo.mysql.com/yum/mysql-tools-preview/el/8/$basearch/
enabled=0
gpgcheck=1
gpgkey=file:///etc/pki/rpm-gpg/RPM-GPG-KEY-mysql

[mysql-cluster-8.0-community]
name=MySQL Cluster 8.0 Community
baseurl=http://repo.mysql.com/yum/mysql-cluster-8.0-
community/el/8/$basearch/
enabled=0
gpgcheck=1
gpgkey=file:///etc/pki/rpm-gpg/RPM-GPG-KEY-mysql
[root@jan16 ~]# cat /etc/yum.repos.d/mysql-community-source.repo
[mysql80-community-source]
name=MySQL 8.0 Community Server-Source
baseurl=http://repo.mysql.com/yum/mysql-8.0-community/el/8/SRPMS
enabled=0
gpgcheck=1
gpgkey=file:///etc/pki/rpm-gpg/RPM-GPG-KEY-mysql

[mysql-connectors-community-source]
name=MySQL Connectors Community-Source
baseurl=http://repo.mysql.com/yum/mysql-connectors-
community/el/8/SRPMS
enabled=0
gpgcheck=1
```

```
gpgkey=file:///etc/pki/rpm-gpg/RPM-GPG-KEY-mysql

[mysql-tools-community-source]
name=MySQL Tools Community-Source
baseurl=http://repo.mysql.com/yum/mysql-tools-community/el/8/SRPMS
enabled=0
gpgcheck=1
gpgkey=file:///etc/pki/rpm-gpg/RPM-GPG-KEY-mysql

[mysql-tools-preview-source]
name=MySQL Tools Preview-Source
baseurl=http://repo.mysql.com/yum/mysql-tools-preview/el/8/SRPMS
enabled=0
gpgcheck=1
gpgkey=file:///etc/pki/rpm-gpg/RPM-GPG-KEY-mysql

[mysql-cluster-8.0-community-source]
name=MySQL Cluster 8.0 Community-Source
baseurl=http://repo.mysql.com/yum/mysql-cluster-8.0-
community/el/8/SRPMS
enabled=0
gpgcheck=1
gpgkey=file:///etc/pki/rpm-gpg/RPM-GPG-KEY-mysql
[root@jan16 ~]#
```

任务 2-2   安装数据库服务

扫一扫，看微课

 任务规划

在本任务中，Zabbix 使用数据库来存储监控数据，包括服务器、网络设备、虚拟机等的监控数据。这些数据通过 Zabbix 的采集和存储机制被存储在数据库中，以供后续分析和查询。本任务的实施步骤如下。

（1）安装 mysqld 服务。

（2）设置数据库管理员的默认登录密码。

（3）创建、配置数据库和用户。

（4）将数据导入数据库。

 任务实施

1. 安装mysqld 服务

（1）卸载服务器中默认安装的 mariadb-common.x86_64，代码如下。

```
[root@jan16 ~]# yum remove mariadb-common.x86_64  -y
依赖关系解决。
============================================================================
======
Package              Arch          Version              Repository   Size
============================================================================
======
移除:
 mariadb-common       x86_64        3:10.3.9-12.p01.ky10          @anaconda
179 k
移除依赖的软件包:
……省略部分内容……
 perl-DBD-MySQL-4.046-6.ky10.x86_64

完毕!
```

（2）禁用 mysql 模块并阻止系统安装任何与 MySQL 相关的软件包，代码如下。

```
[root@jan16 ~]# dnf module disable mysql
上次元数据过期检查：0:10:56前，执行于2023年09月11日 星期一17时30分28秒。
依赖关系解决。
============================================================================
======
Package         Architecture      Version            Repository     Size
============================================================================
======
Disabling modules:
 mysql

事务概要
============================================================================
===========

确定吗？[y/N]: y
完毕!
```

（3）使用 DNF（Dandified Yum）包管理器安装 MySQL 社区服务器的 8.0.31 版本，并关闭 GPG 检查，代码如下。

```
[root@jan16 ~]# dnf install -y mysql-community-server-8.0.31 --nogpgcheck
上次元数据过期检查：0:11:29前，执行于2023年09月11日 星期一17时30分28秒。
依赖关系解决。
============================================================================
======
Package              Arch       Version       Repository        Size
============================================================================
======
```

```
安装:
mysql-community-server        x86_64 8.0.31-1.el8  mysql80-community  64 M
安装依赖关系:
mysql-community-client        x86_64 8.0.34-1.el8  mysql80-community  16 M
mysql-community-client-plugins x86_64 8.0.34-1.el8  mysql80-community 3.5 M
mysql-community-common        x86_64 8.0.31-1.el8 mysql80-community 649 k
mysql-community-icu-data-files x86_64 8.0.31-1.el8  mysql80-community 2.1 M
mysql-community-libs          x86_64 8.0.34-1.el8  mysql80-community 1.5 M

……省略部分内容……
  mysql-community-server-8.0.31-1.el8.x86_64

完毕!
[root@jan16 ~]#
```

（4）开启 mysqld 服务，并查看 mysqld 服务的运行状态，代码如下。

```
[root@jan16 ~]# systemctl start mysqld.service
[root@jan16 ~]# systemctl status mysqld.service
● mysqld.service-MySQL Server
   Loaded:  loaded  (/usr/lib/systemd/system/mysqld.service;  enabled;
vendor prese>
   Active: active（running）since Mon 2023-09-11 17:44:42 CST; 5s ago
     Docs: man:mysqld（8）
           http://dev.mysql.com/doc/refman/en/using-systemd.html
   Process: 37192 ExecStartPre=/usr/bin/mysqld_pre_systemd（code=exited,
status=0>
  Main PID: 37272（mysqld）
   Status: "Server is operational"
    Tasks: 39
   Memory: 479.1M
   CGroup: /system.slice/mysqld.service
           └─37272 /usr/sbin/mysqld

 9月11 17:44:37 localhost.localdomain systemd[1]: Starting MySQL Server...
 9 月 11 17:44:37 localhost.localdomain /semanage[37215]: Successful:
resrc=fcont>
 9 月 11 17:44:38 localhost.localdomain /semanage[37218]: Successful:
resrc=fcont>
 9月11 17:44:42 localhost.localdomain systemd[1]: Started MySQL Server.
 lines 1-17/17（END）
```

"Active: active （running）"表示服务正常运行。

（5）查看 mysqld 服务的日志，使用管道符号过滤出 mysqld 服务的初始密码，代码如下。

```
[root@jan16 ~]# cat /var/log/mysqld.log | grep password
```

```
   2023-09-11T09:44:39.228829Z 6 [Note] [MY-010454] [Server] A temporary
password is generated for root@jan16: QqBohJdsC8!c
   [root@jan16 ~]#
```

> **备注：**
>
> 　根据上文加粗部分，可以得到 mysqld 服务的本地用户 root 的密码为 QqBohJdsC8!c。

2. 设置数据库管理员的默认登录密码

初始化数据库，设置数据库管理员的默认登录密码，并进行一系列安全设置，代码如下。

```
[root@jan16 ~]# mysql_secure_installation

Securing the MySQL server deployment.

Enter password for user root:
The "validate_password" component is installed on the server.
The subsequent steps will run with the existing configuration
of the component.
Using existing password for root.

Estimated strength of the password: 100
Change the password for root ?        #是否更改root用户的密码
(Press y|Y for Yes, any other key for No) : y  #按y表示是，按任何其他键表示否


New password: Jan16@123

Re-enter new password: Jan16@123

Estimated strength of the password: 100
Do you wish to continue with the password provided?(Press y|Y for Yes,
any other key for No) : y                    #是否继续使用该密码
By default, a MySQL installation has an anonymous user,
allowing anyone to log into MySQL without having to have
a user account created for them. This is intended only for
testing, and to make the installation go a bit smoother.
You should remove them before moving into a production
environment.

Remove anonymous users? (Press y|Y for Yes, any other key for No) : y
#是否删除匿名用户（生产环境中建议删除）
Success.
```

```
Normally, root should only be allowed to connect from
'localhost'. This ensures that someone cannot guess at
the root password from the network.

Disallow root login remotely? (Press y|Y for Yes, any other key for
No) : n
#是否禁止root用户远程登录，根据自己的需求选择Y/n并按回车键
... skipping.
By default, MySQL comes with a database named 'test' that
anyone can access. This is also intended only for testing,
and should be removed before moving into a production
environment.


Remove test database and access to it? (Press y|Y for Yes, any other
key for No) : y
#是否删除test数据库
- Dropping test database...
Success.

-Removing privileges on test database...
Success.

Reloading the privilege tables will ensure that all changes
made so far will take effect immediately.

Reload privilege tables now? (Press y|Y for Yes, any other key for No) : y
#是否重新加载权限表
Success.

All done!
```

3. 创建、配置数据库和用户

```
[root@jan16 mysql]# mysql -uroot -p
Enter password:
Welcome to the MySQL monitor.  Commands end with ; or \g.
Your MySQL connection id is 29
Server version: 8.0.31 MySQL Community Server-GPL

Copyright (c) 2000, 2023, Oracle and/or its affiliates.

Oracle is a registered trademark of Oracle Corporation and/or its
affiliates. Other names may be trademarks of their respective
owners.
```

```
Type "help;" or "\h" for help. Type "\c" to clear the current input
statement.
   mysql> create database zabbix character set utf8mb4 collate utf8mb4_bin;
   mysql> create user "zabbix"@"localhost" identified by "Jan16@123";
   mysql> grant all on zabbix.* to "zabbix"@"localhost";
   mysql> SET GLOBAL log_bin_trust_function_creators = 1;
   mysql> quit;
```

4. 将数据导入数据库

```
[root@jan16 ~]# cd zabbix-6.4.6/database/mysql/
[root@jan16 mysql]# mysql -uzabbix -pJan16@123 zabbix < schema.sql
   mysql: [Warning] Using a password on the command line interface can be
insecure.
   [root@jan16 mysql]# mysql -uzabbix -pJan16@123 zabbix < images.sql
   mysql: [Warning] Using a password on the command line interface can be
insecure.
   [root@jan16 mysql]# mysql -uzabbix -pJan16@123 zabbix < data.sql
   mysql: [Warning] Using a password on the command line interface can be
insecure.
```

在成功导入数据后，可以禁用 log_bin_trust_function_creators，代码如下。

```
[root@jan16 mysql]# mysql -uroot -p
Enter password:
Welcome to the MySQL monitor.  Commands end with ; or \g.
Your MySQL connection id is 29
Server version: 8.0.31 MySQL Community Server-GPL

Copyright (c) 2000, 2023, Oracle and/or its affiliates.
Oracle is a registered trademark of Oracle Corporation and/or its
affiliates. Other names may be trademarks of their respective
owners.

Type '"help;"' or '"\h"' for help. Type '"\c"' to clear the current
input statement.

mysql> SET GLOBAL log_bin_trust_function_creators = 0;
Query OK, 0 rows affected (0.00 sec)

mysql> quit;
Bye
```

📖 任务验证

将数据成功导入后，登录 MySQL，切换到名称为 zabbix 的数据库中，可以查看 zabbix

数据库中的所有表，执行代码及验证结果如下。

```
mysql> use zabbix;
Reading table information for completion of table and column names
You can turn off this feature to get a quicker startup with -A

Database changed
mysql> show tables;
+---------------------------+
| Tables_in_zabbix          |
+---------------------------+
| acknowledges              |
| actions                   |
| alerts                    |
| auditlog                  |
| autoreg_host              |
| changelog                 |
| conditions                |
| config                    |
| config_autoreg_tls        |
……省略部分内容……
| valuemap_mapping          |
| widget                    |
| widget_field              |
+---------------------------+
186 rows in set (0.01 sec)
```

任务 2-3　安装 PHP 服务

扫一扫，看微课

 任务规划

在本任务中，PHP 作为一种服务器端脚本语言，主要用于开发 Web 应用程序，而数据库则用于存储和管理 Web 应用程序的数据。PHP 通过与数据库进行交互，可以实现对数据的读取、插入、更新和删除等操作。PHP 提供了多种数据库连接方式，例如，使用 MySQLi、PDO 等扩展库，可以与 MySQL、Oracle、SQLite 等数据库进行通信。通过 PHP 脚本可以连接到数据库服务器，并执行 SQL 查询语句来获取、插入或修改数据。PHP 还可以将数据存储到数据库中，以便在需要时进行检索和操作。本任务的实施步骤如下。

（1）安装 PHP 7.4 模块。

（2）安装其余必要组件。

任务实施

1. 安装 PHP 7.4 模块

（1）启用 PHP 7.4 模块，代码如下。

```
[root@jan16 ~]# dnf module enable php:7.4
上次元数据过期检查：0:34:48前，执行于2023年09月11日 星期一17时30分28秒。
依赖关系解决。
================================================================================
========
  Package           Architecture     Version             Repository        Size
================================================================================
========
Enabling module streams:
  httpd                              2.4
  nginx                              1.14
  php                                7.4

事务概要
================================================================================
===========


确定吗？[y/N]：y
完毕！
[root@jan16 ~]# rpm -qa | grep php
```

（2）安装 PHP 7.4 模块，代码如下。

```
[root@jan16 ~]# dnf module install php:7.4
上次元数据过期检查：0:35:17前，执行于2023年09月11日 星期一17时30分28秒。
依赖关系解决。
================================================================================
========
  Package         Arch    Version                            Repo      Size
================================================================================
========
安装组/模块包：
  php-cli     x86_64 7.4.30-1.module_el8.7.0+1190+d11b935a  AppStream 3.1 M
  php-common  x86_64 7.4.30-1.module_el8.7.0+1190+d11b935a  AppStream 706 k
  php-fpm     x86_64 7.4.30-1.module_el8.7.0+1190+d11b935a  AppStream 1.6 M
  php-json    x86_64 7.4.30-1.module_el8.7.0+1190+d11b935a  AppStream  74 k

……省略部分内容……
  php-xml-7.4.30-1.module_el8.7.0+1190+d11b935a.x86_64
```

完毕！

（3）查询已安装的 PHP 软件包，代码如下。

```
[root@jan16 ~]# rpm -qa | grep php
php-json-7.4.30-1.module_el8.7.0+1190+d11b935a.x86_64
php-common-7.4.30-1.module_el8.7.0+1190+d11b935a.x86_64
php-fpm-7.4.30-1.module_el8.7.0+1190+d11b935a.x86_64
php-xml-7.4.30-1.module_el8.7.0+1190+d11b935a.x86_64
php-mbstring-7.4.30-1.module_el8.7.0+1190+d11b935a.x86_64
php-cli-7.4.30-1.module_el8.7.0+1190+d11b935a.x86_64
[root@jan16 ~]#
[root@jan16 ~]# yum -y install php-bcmath php-gd php-xml php-mbstring
php-mysqlnd php-ldap php-fpm php-json
```
上次元数据过期检查：1:08:43前，执行于2023年09月11日 星期一18时19分07秒。

软件包php-xml-7.4.30-1.module_el8.7.0+1190+d11b935a.x86_64已安装。

软件包php-mbstring-7.4.30-1.module_el8.7.0+1190+d11b935a.x86_64已安装。

……省略部分内容……

完毕！
```
[root@jan16 ~]#
```

（4）在 PHP 软件包安装完成后，更改php.ini文件的配置参数，代码如下。

```
[root@jan16 ~]# vim /etc/php.ini
memory_limit = 128M

post_max_size = 16M

upload_max_filesize = 2M

max_execution_time = 300

max_input_time = 300

session.auto_start = 0

mbstring.func_overload = 0
```

2. 安装其余必要组件

（1）安装 mysql-devel，代码如下。

```
[root@jan16 zabbix-6.4.6]# yum install mysql-devel --nogpgcheck
```
上次元数据过期检查：0:12:27前，执行于2023年09月11日 星期一18时24分51秒。
```
Detection of Platform Module failed: No valid Platform ID detected
```

模块依赖问题

　问题1: conflicting requests

　-nothing provides module（platform:el8） needed by module httpd:
2.4:8080020230131213244:fd72936b-0.x86_64

　问题2: conflicting requests

　-nothing provides module（platform:el8） needed by module nginx:
1.14:8000020211221191913:55190bc5-0.x86_64

　……省略部分内容……

　已安装:

　　mysql-community-devel-8.0.34-1.el8.x86_64

完毕!

（2）安装 libxml2、libxml2-devel、net-snmp-devel、OpenIPMI-devel、libevent-devel、libcurl-devel 等其余必要组件，代码如下。

```
[root@jan16 yum.repos.d]# mv kylin_x86_64.repo.bak  kylin_x86_64.repo
[root@jan16 yum.repos.d]# mv Kylin-Base.repo Kylin-Base.repo.bak
[root@jan16 ~]# yum -y install libxml2 libxml2-devel net-snmp-devel
OpenIPMI-devel libevent-devel libcurl-devel
Kylin Linux Advanced Server 10-Os          1.2 MB/s | 14 MB    00:11
Kylin Linux Advanced Server 10-Updates     1.3 MB/s | 12 MB    00:08
上次元数据过期检查: 0:00:06前，执行于2023年09月11日 星期一18时24分51秒。
Detection of Platform Module failed: No valid Platform ID detected
模块依赖问题

 问题1: conflicting requests
 -nothing  provides  module （ platform:el8 ）    needed  by  module
httpd:2.4:8080020230131213244:fd72936b-0.x86_64
 问题2: conflicting requests
 -nothing  provides  module （ platform:el8 ）    needed  by  module
nginx:1.14:8000020211221191913:55190bc5-0.x86_64
 问题3: conflicting requests
 -nothing  provides  module （ platform:el8 ）    needed  by  module
php:7.4:8070020220804152218:afd00e68-0.x86_64
 软件包libxml2-2.9.10-25.ky10.x86_64已安装。
 软件包libxml2-devel-2.9.10-25.ky10.x86_64已安装。
 依赖关系解决。

 ================================================================
========
 Package        Arch     Version            Repository       Size
 ================================================================
========
```

```
安装：
OpenIPMI-devel      x86_64      2.0.29-1.p02.ky10      ks10-adv-updates      650 k
libcurl-devel       x86_64      7.71.1-29.ky10         ks10-adv-updates      162 k

……省略部分内容……

已升级：
 OpenIPMI-2.0.29-1.p02.ky10.x86_64           curl-7.71.1-29.ky10.x86_64
 libcurl-7.71.1-29.ky10.x86_64               libxml2-2.9.10-34.ky10.x86_64
 libxml2-devel-2.9.10-34.ky10.x86_64         net-snmp-1:5.9-4.p03.ky10.x86_64
 net-snmp-libs-1:5.9-4.p03.ky10.x86_64 python3-libxml2-2.9.10-34.ky10.x86_64

已安装：
 OpenIPMI-devel-2.0.29-1.p02.ky10.x86_64     elfutils-devel-0.180-3.ky10.x86_64
 libcurl-devel-7.71.1-29.ky10.x86_64         libevent-devel-2.1.12-3.ky10.x86_64
 lm_sensors-devel-3.6.0-4.ky10.x86_64        ncurses-devel-6.2-3.ky10.x86_64
 net-snmp-devel-1:5.9-4.p03.ky10.x86_64      popt-devel-1.18-1.ky10.x86_64
 rpm-devel-4.15.1-36.p01.ky10.x86_64         zstd-devel-1.4.5-1.ky10.x86_64

完毕！
```

 任务验证

要验证各组件是否安装成功，可以使用 rpm 命令查看，此处以 libxml2 组件为例，执行代码及验证结果如下。

```
[root@jan16 ~]# rpm -qa | grep libxml2
python3-libxml2-2.9.10-34.ky10.x86_64
libxml2-help-2.9.10-25.ky10.noarch
libxml2-devel-2.9.10-34.ky10.x86_64
libxml2-2.9.10-34.ky10.x86_64
```

任务 2-4　编译安装软件包

扫一扫，看微课

任务规划

Zabbix 有不同的安装方式：编译安装，可以访问官网并下载源码包，之后通过代码命令行进行编译和安装；包管理器安装，在一些 Linux 发行版中，可以使用包管理器（如 APT、Yum 等）安装 Zabbix。本任务采用编译安装的安装方式，实施步骤如下。

（1）编译 Zabbix。

（2）安装 Zabbix。

（3）启动 Zabbix。

任务实施

1. 编译 Zabbix

进入解压缩后的 zabbix-6.4.6 文件，进行编译，代码如下。

```
[root@jan16 zabbix-6.4.6]# ./configure --enable-server --enable-agent -
-with-mysql --enable-ipv6 --with-net-snmp --with-libcurl --with-libxml2 --
with-openipmichecking

for a BSD-compatible install... /usr/bin/install -c

checking whether build environment is sane... yes

checking for a race-free mkdir -p... /usr/bin/mkdir -p

checking for gawk... gawk

checking whether make sets $(MAKE)... yes

checking whether make supports nested variables... yes

checking how to create a pax tar archive... gnutar

configure: Configuring Zabbix 6.4.6

……省略部分内容……

  Enable Java gateway:   no


  LDAP support:          no

  IPv6 support:          yes

  cmocka support:        no


  yaml support:          no


***********************************************************
*          Now run '"make install'"                      *
*                                                         *
*          Thank you for using Zabbix!            *
*              <http://www.zab***.com>                    *
***********************************************************

[root@jan16 zabbix-6.4.6]#
```

2. 安装 Zabbix

编译成功后，使用 make install 命令进行安装，代码如下。

```
[root@jan16 zabbix-6.4.6]# make install
Making install in include
```

```
make[1]: 进入目录"/root/zabbix-6.4.6/include"
make[2]: 进入目录"/root/zabbix-6.4.6/include"
make[2]: 对"install-exec-am"无须做任何事。
……省略部分内容……
make[2]: 对"install-exec-am"无须做任何事。
make[2]: 对"install-data-am"无须做任何事。
make[2]: 离开目录"/root/zabbix-6.4.6"
make[1]: 离开目录"/root/zabbix-6.4.6"
[root@jan16 zabbix-6.4.6]#
```

3. 启动 Zabbix

修改 zabbix_server.conf 文件中的数据库密码，启用 zabbix_server、zabbix_agentd，代码如下。

```
[root@jan16 zabbix-6.4.6]# vim /usr/local/etc/zabbix_server.conf
123 DBPassword=Jan16@123
[root@jan16 ~]# zabbix_server
[root@jan16 ~]# zabbix_agentd
```

 任务验证

使用 netstat 命令检查端口是否正在使用，zabbix_server 使用的端口号为 10051，zabbix_agentd 使用的端口号为 10050，执行代码及验证结果如下。

```
[root@jan16 ~]# netstat -tunlpa | grep 10051
tcp     0    0 0.0.0.0:10051      0.0.0.0:*     LISTEN     59885/zabbix_server
tcp6    0    0 :::10051           :::*          LISTEN     59885/zabbix_server
[root@jan16 ~]# netstat -tunlpa | grep 10050
tcp     0    0 0.0.0.0:10050      0.0.0.0:*     LISTEN     60004/zabbix_agentd
tcp6    0    0 :::10050           :::*          LISTEN     60004/zabbix_agentd
[root@jan16 ~]#
```

任务 2-5 搭建网页版 Zabbix

扫一扫，看微课

🎯 任务规划

网页版 Zabbix 是基于 Web 技术的监控系统，可以方便地通过浏览器进行访问和操作。本任务的实施步骤如下。

（1）安装 httpd 服务。

（2）安装网页版 Zabbix。

任务实施

1. 安装 httpd 服务

（1）下载 httpd 服务，代码如下。

```
[root@jan16 ~]# yum -y install httpd
上次元数据过期检查：0:52:19前，执行于2023年09月11日 星期一18时24分51秒。
Detection of Platform Module failed: No valid Platform ID detected
模块依赖问题

问题1: conflicting requests
……省略部分内容……
  mod_http2-1.15.13-1.ky10.x86_64

完毕！
```

（2）在 httpd 服务的默认网页目录中创建 zabbix 目录，将 zabbix-6.4.6/ui 目录下的内容复制到默认网页目录的 zabbix 目录中，代码如下。

```
[root@jan16 ~]# mkdir /var/www/html/zabbix   ##在 /var/www/html/ 路径下创
建一个名称为 zabbix 的目录
[root@jan16 ~]# cd zabbix-6.4.6/ui/       ##更改当前的工作目录为 zabbix-
6.4.6/ui/
[root@jan16 ui]# cp -a . /var/www/html/zabbix/     ##复制当前目录（zabbix-
6.4.6/ui/）下的所有文件和目录到 /var/www/html/zabbix 目录下。"-a"参数表示归档，它会
保留所有的文件属性，如权限、时间戳等

[root@jan16 ~]# chmod -R 777 /var/www/html/  ##更改 /var/www/html/ 目录及
其所有子目录和文件的权限为 777（读、写、执行权限给所有用户）
[root@jan16 ui]#
```

（3）开启并查看 httpd 服务及 php-fpm 服务，代码如下。

```
[root@jan16 ~]# systemctl start httpd php-fpm
[root@jan16 ~]# systemctl status httpd
● httpd.service-The Apache HTTP Server
   Loaded:  loaded  ( /usr/lib/systemd/system/httpd.service;  disabled;
vendor preset: disabled)
   Drop-In: /usr/lib/systemd/system/httpd.service.d
         └─php-fpm.conf
   Active: active （running） since Mon 2023-09-11 19:21:27 CST; 11s ago
     Docs: man:httpd.service（8）
  Process:  62244  ExecStartPost=/usr/bin/sleep  0.1  （ code=exited,
status=0/SUCCESS）
  Main PID: 62242 （httpd）
   Status: "Total requests: 0; Idle/Busy workers 100/0;Requests/sec: 0;
```

```
Bytes served/sec:   0 B/se>
      Tasks: 213
    Memory: 15.7M
    CGroup: /system.slice/httpd.service
            ├─62242 /usr/sbin/httpd -DFOREGROUND
            ├─62245 /usr/sbin/httpd -DFOREGROUND
            ├─62246 /usr/sbin/httpd -DFOREGROUND
            ├─62247 /usr/sbin/httpd -DFOREGROUND
            └─62248 /usr/sbin/httpd -DFOREGROUND


  9月11 19:21:27 localhost.localdomain systemd[1]: Starting The Apache
HTTP Server...
  9月11 19:21:27 localhost.localdomain httpd[62242]: AH00558: httpd: Could
not reliably determine t>
  9月11 19:21:27 localhost.localdomain systemd[1]: Started The Apache HTTP
Server.

  lines 1-21/21 （END）


[root@jan16 ~]# systemctl status php-fpm.service
● php-fpm.service-The PHP FastCGI Process Manager
    Loaded: loaded (/usr/lib/systemd/system/php-fpm.service; disabled;
vendor preset: disabled)
    Active: active （running） since Mon 2023-09-11 19:21:27 CST; 21s ago
  Main PID: 62243 （php-fpm）
    Status: "Processes active: 0, idle: 5, Requests: 0, slow: 0, Traffic:
0req/sec"
     Tasks: 6
    Memory: 26.9M
    CGroup: /system.slice/php-fpm.service
            ├─62243 php-fpm: master process （/etc/php-fpm.conf）
            ├─62249 php-fpm: pool www
            ├─62250 php-fpm: pool www
            ├─62251 php-fpm: pool www
            ├─62252 php-fpm: pool www
            └─62253 php-fpm: pool www


  9 月 11  19:21:27  localhost.localdomain  systemd[1]:  Starting  The  PHP
FastCGI Process Manager...
  9月11 19:21:27 localhost.localdomain systemd[1]: Started The PHP FastCGI
Process Manager.
  [root@jan16 ~]#
```

2. 安装网页版 Zabbix

（1）打开浏览器，输入服务器地址（192.168.200.105/zabbix），弹出 Zabbix 6.4 安装页

面，如图 2-1 所示，单击【Next step】按钮。

图 2-1　Zabbix 6.4 安装页面

（2）如图 2-2 所示，弹出检查先决条件的页面，确保所有条件的状态为【OK】，单击【Next step】按钮。

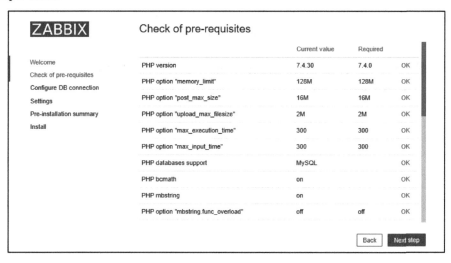

图 2-2　检查先决条件的页面

（3）如图 2-3 所示，弹出数据库设置页面，输入密码【Jan16@123】，单击【Next step】按钮。

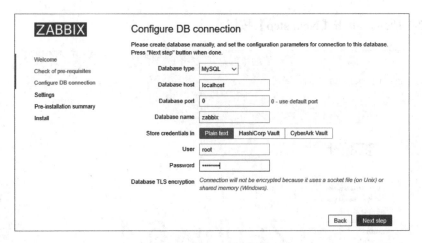

图 2-3　数据库设置页面

（4）如图 2-4 所示，弹出设置页面，保持默认设置，单击【Next step】按钮。

图 2-4　设置页面

（5）如图 2-5 所示，弹出下载信息页面，单击【Next step】按钮。

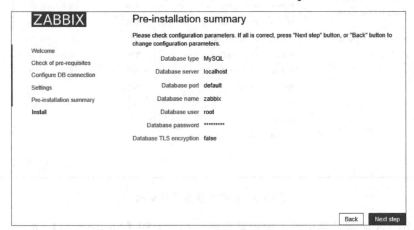

图 2-5　下载信息页面

（6）如图 2-6 所示，弹出下载成功页面，单击【Finish】按钮。

（7）如图 2-7 所示，弹出登录页面，输入用户名【Admin】和密码【zabbix】。

图 2-6　下载成功页面　　　　　　　　　　图 2-7　登录页面

任务验证

1. 打开 Zabbix 首页

打开 Zabbix 首页，如图 2-8 所示。

图 2-8　Zabbix 首页（1）

2. 修改 Zabbix 页面语言

（1）单击 Zabbix 首页左下侧的【User settings】标签，在出现的下拉列表中选择【Profile】选项，如图 2-9 所示。

图 2-9　选择【Profile】选项

（2）弹出设置页面，如图 2-10 所示。

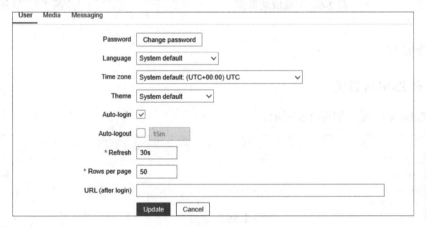

图 2-10　设置页面

（3）在【Language】下拉列表中选择【Chinese（zh_CN）】选项，如图 2-11 所示。

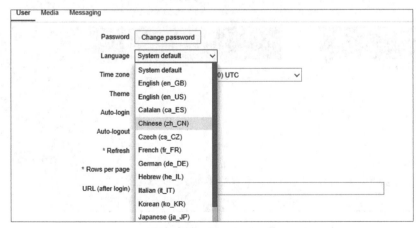

图 2-11　选择【Chinese（zh_CN）】选项

（4）单击【Update】按钮，如图 2-12 所示。

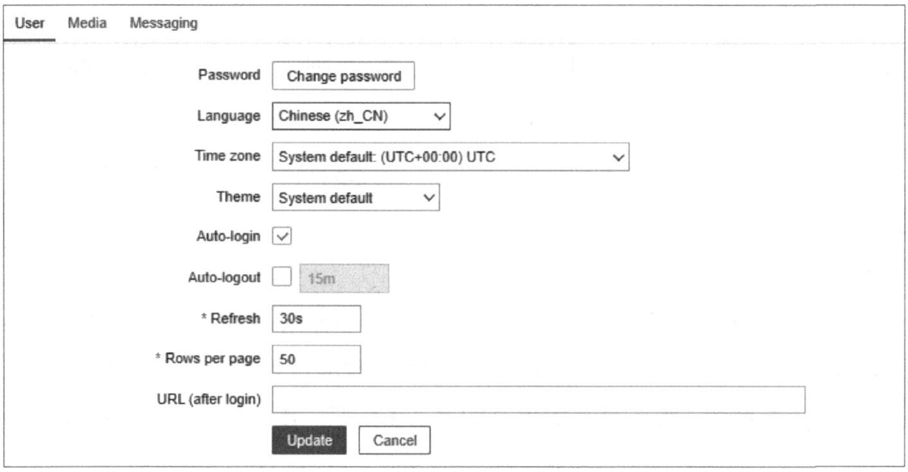

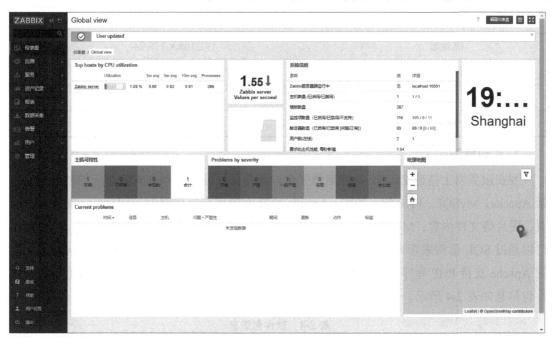

图 2-12　单击【Update】按钮

（5）回到 Zabbix 首页，即可发现语言已切换为中文简体，如图 2-13 所示。

图 2-13　Zabbix 首页（2）

项目拓展

一、理论题

1. Zabbix 是一个（　　）的监控系统和网络管理平台。

　　A. 开源　　　　　　　B. 可靠　　　　　　　C. 广泛　　　　　　　D. 系统

2. Zabbix 是一个开源的监控系统和网络管理平台，用于（　　　）服务器的性能数据。（多选）

    A. 收集　　　　　　　B. 监控　　　　　　　C. 处理　　　　　　　D. 查找

3. LAMP 架构包括（　　）。（多选）

    A. Linux　　　　　　B. C++　　　　　　　C. Apache　　　　　　D. MySQL

二、项目实训题

1. 实训背景

某公司决定使用 Zabbix 作为智能运维平台，为公司服务器提供运维服务。运维人员首先需要在服务器上安装操作系统，然后搭建 Zabbix 智能运维平台。这里选用的操作系统为 Kylin 服务器操作系统。服务器基本信息如表 2-3 所示。其中，IP 地址和网关中的 x 为短学号。

表 2-3　服务器基本信息

基本信息	参数
系统版本	Kylin_v10_SP3
IP 地址	192.168.x.128/24
用户名	root
密码	Jan16@123
网关	192.168.x.254

2. 实训规划

要在服务器上搭建 Zabbix 智能运维平台，需要在服务器上预先安装对应的软件包，包括 Apache、MySQL、PHP 等。其中，Apache 直接面向用户提供网站访问功能，支持发送网页、图片等文件内容；MySQL 用于存储各种账户信息、设备信息、业务数据等，其他程序可以通过 SQL 语句来查询、更改这些信息；PHP 用于处理 HTTP 请求、构建响应报文、配置 Apache 支持 PHP 程序、提供 PHP 程序的解释器和数据库连接等。在服务器上安装的软件包信息如表 2-4 所示。

表 2-4　软件包信息

软件包	版本
Apache	2.4.43
MySQL	8.0.31
PHP	7.4.30

3. 实训要求

（1）使用 ip address 命令查看本机的 IP 地址，并截取 ip address 命令的执行结果。

（2）查看下载好的 MySQL 社区版发布包，并截取 cat /etc/yum.repos.d/mysql-community.repo 命令的执行结果。

（3）开启 mysqld 服务，并查看 mysqld 服务的运行状态，截取 systemctl status mysqld.service 命令的执行结果。

（4）使用 netstat 命令检查端口是否正在使用，其中，zabbix_server 使用的端口号为 10051，zabbix_agentd 使用的端口号为 10050，并截取 netstat -tunlpa | grep 10051 命令的执行结果。

（5）截取中文简体版 Zabbix 首页。

项目 3　交换网络监控与运维

知识目标：

（1）理解 SNMP 的概念。

（2）理解 SNMP 的工作原理。

（3）理解 SNMP 和 Zabbix 监控采集的关系。

能力目标：

（1）掌握利用智能运维平台自动发现网络设备的功能。

（2）掌握利用智能运维平台手动添加网络设备的功能。

（3）掌握利用智能运维平台绘制网络拓扑的功能。

素养目标：

（1）通过使用智能运维平台和 SNMP 等监控工具，树立网络安全意识。

（2）通过使用智能运维平台提供的数据和分析工具定位问题，树立预防意识。

项目描述

Jan16 公司的云数据中心投入运营后，就承载了公司 ERP、门户网站等多个关键生产业务系统。该公司的云数据中心网络拓扑如图 3-1 所示，网络设备规划如表 3-1 所示。考虑到对云数据中心交换网络的安全监测需要，公司决定在智能运维服务器上部署 Zabbix 监控系统，具体要求如下。

（1）配置 Zabbix 监控服务，实现自动化监控云数据中心的所有网络设备。

（2）绘制网络拓扑。

（3）进行典型故障处理。

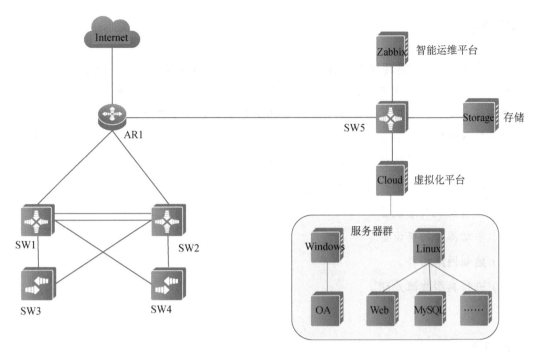

图 3-1　云数据中心网络拓扑

表 3-1　网络设备规划

设备	接口	IP 地址	子网掩码
AR1	GE4/0/1	10.1.1.9	255.255.255.252
AR1	GE4/0/2	10.1.1.1	255.255.255.252
AR1	GE4/0/3	10.1.1.5	255.255.255.252
SW1	GE0/0/24	10.1.1.2	255.255.255.252
SW1	VLAN10	192.168.10.251	255.255.255.0
SW1	VLAN20	192.168.20.251	255.255.255.0
SW1	VLAN30	192.168.30.251	255.255.255.0
SW1	VLAN100	192.168.100.254	255.255.255.0
SW2	GE0/0/24	10.1.1.6	255.255.255.252
SW2	VLAN10	192.168.10.252	255.255.255.0
SW2	VLAN20	192.168.20.252	255.255.255.0
SW2	VLAN30	192.168.30.252	255.255.255.0
SW2	VLAN100	192.168.100.2	255.255.255.0
SW3	VLAN100	192.168.100.3	255.255.255.0
SW4	VLAN100	192.168.100.4	255.255.255.0
SW5	GE0/0/24	10.1.1.10	255.255.255.252
SW5	VLAN200	192.168.200.254	255.255.255.0

项目分析

根据项目描述，智能运维服务器已经安装和配置了 Zabbix 监控系统作为智能运维平台，接下来对网络设备进行相应配置，实现全网联通。因为网络设备本身支持 SNMP 进行监控数据的获取，所以需要在网络设备上进行 SNMP 配置，以便智能运维平台对云数据中心交换网络采用 SNMP 进行监控。

因此，本项目可以通过以下工作任务来完成。

（1）在网络设备上进行 SNMP 配置。

（2）自动发现网络设备。

（3）手动添加网络设备。

（4）绘制网络拓扑。

（5）进行典型故障处理。

项目规划

Jan16 公司的管理员已经在智能运维服务器上安装好智能运维平台，现需要管理员配置网络设备的 SNMP 参数，包括 SNMP 版本、团体名、IP 地址等，并使用该智能运维平台对公司内网的网络设备实施监控，模拟系统故障告警，进行故障排查与维护操作。服务器基本信息如表 3-2 所示，网络设备信息如表 3-3 所示。

表 3-2　服务器基本信息

基本信息	系统版本	IP 地址	用户名	密码	访问方式
智能运维服务器	Kylin_v10_SP3	192.168.200.105/24	root	Jan16@123	ssh root@192.168.200.105
智能运维平台	Kylin_v10_SP3	192.168.200.105/24	Admin	zabbix	http://192.168.200.105/zabbix

表 3-3　网络设备信息

设备命名	设备类型	型号	管理 IP 地址	SNMP 版本	团体名
AR1	路由器	AR2220	10.1.1.1	v2c	jan16
SW1	交换机	S5700	10.1.1.2	v2c	jan16
SW2	交换机	S5700	10.1.1.6	v2c	jan16
SW3	交换机	S5700	192.168.100.3	v2c	jan16
SW4	交换机	S5700	192.168.100.4	v2c	jan16
SW5	交换机	S5700	192.168.200.254	v2c	jan16

3.1　SNMP 介绍

SNMP（Simple Network Management Protocol，简单网络管理协议）是一种用于网络管理的标准协议。它允许网络管理员通过网络来监视和管理网络设备，如路由器、交换机、防火墙等。SNMP 可以使网络管理员更轻松地管理网络，提高网络的可靠性和性能。

3.2　SNMP 的工作原理

（1）SNMP 管理器：安装在网络管理员计算机上的一个软件。SNMP 管理器通过 SNMP 与被管理的设备进行通信，实现对设备的监控和配置。

（2）SNMP 代理：运行在被管理设备上的一个软件模块。SNMP 代理接收来自 SNMP 管理器的请求，执行相应的操作（如获取配置信息、修改配置等），并将结果返回给 SNMP 管理器。

（3）MIB（Management Information Base，管理信息库）：包含被管理设备的各种配置和状态信息的数据库。SNMP 管理器和 SNMP 代理通过访问 MIB 来获取设备的信息。MIB 使用面向对象的数据模型来组织信息，使网络管理员能够更清晰地理解设备的状态和配置。

（4）SNMP 操作：SNMP 定义了一些操作，如 get、set、trap 等。get 操作用于获取设备的状态和配置信息；set 操作用于修改设备的配置；trap 操作用于发送告警信息。

3.3　SNMP 的优点

SNMP 的优点主要包括：设计简单易用，易于理解和实现，无论是网络管理员还是开发人员，都可以方便地学习和使用 SNMP。此外，SNMP 支持多种数据类型和操作，能够灵活地满足各种网络管理的需求。无论是简单的网络状态查询还是复杂的网络故障排除，SNMP 都能提供有力的支持。它还允许用户自定义 MIB，使 SNMP 能够适应各种不同类型的网络设备。通过自定义 MIB，网络管理员可以根据设备的特性和需求进行定制，从而更好地管理和监控网络设备。另外，SNMP 支持多种操作系统和硬件平台，这为不同设备的互通和管理提供了便利，无论是在 Windows、Linux 操作系统上还是在其他操作系统上，

SNMP 都可以实现跨平台的网络管理。综上所述，SNMP 的优点使其成为网络管理员和开发人员的首选协议，用于实现高效、跨平台的网络管理解决方案。

3.4　SNMP 和 Zabbix 监控采集的关系

SNMP 是一种网络管理协议，它定义了一种标准的数据交换格式，用于实现网络设备之间的通信。SNMP 管理器和 SNMP 代理之间的通信采用了请求-响应模式，其中 SNMP 管理器负责发送请求，SNMP 代理负责响应请求并提供所需的数据。SNMP 通常用于收集网络设备的状态和配置信息，如设备的 CPU 使用情况、内存使用情况、网络接口状态等。

Zabbix 是一个开源的网络监控和采集工具，它支持多种监控方式，如 SNMP、IPMI、JMX 等。Zabbix 可以通过 SNMP 来监控网络设备，并将其采集的数据存储在数据库中，以供后续分析和展示。Zabbix 支持实时监控，可以通过 Web 页面展示监控数据，如设备的状态、性能指标、告警信息等。此外，Zabbix 还支持设置告警阈值，以便在出现问题时通知管理员。

因此，SNMP 和 Zabbix 监控采集的关系是：Zabbix 通过支持 SNMP 实现对网络设备的监控和数据采集。用户可以通过配置 Zabbix，使用 SNMP 来收集网络设备的状态和配置信息，从而实现对企业网络的实时监控和故障排查。

3.5　监控的自动化功能

Zabbix 支持自动发现网络设备，用户可以通过自动发现功能，快速发现网络中的设备，并添加监控项，大大提高网络管理的效率。

项目实施

任务 3-1　在网络设备上
进行 SNMP 配置

扫一扫，看微课

 任务规划

在智能运维服务器上已经完成了对监控系统的部署，根据项目分析，本任务需要管理员在所有被监控的网络设备上进行 SNMP 配置。

任务实施

（1）进入网络设备系统视图，由于每台需要被监控的设备都需要启动 SNMP，因此分别在 SW1~SW5、AR1 等设备上执行 snmp-agent 命令，启动 SNMP，之后执行 snmp-agent trap enable 命令，启动 trap 告警，最后按 Y 键进行确认。以交换机 SW5 为例，代码如下。

```
<SW5>system-view
Enter system view, return user view with Ctrl+Z.
[SW5]snmp-agent
[SW5]snmp-agent trap enable
Warning: All switches of SNMP trap/notification will be open. Continue?
[Y/N]:Y
```

（2）执行 snmp-agent 命令，设置只读团体名为 jan16，代码如下。

```
[SW5]snmp-agent community read jan16
```

（3）执行 snmp-agent 命令，设置 SNMP 版本为 v2c，代码如下。

```
[SW5]snmp-agent sys-info version v2c
```

（4）退出网络设备系统视图，按 Y 键进行确认，保存配置，代码如下。

```
[SW5]quit
<SW5>save
The current configuration will be written to the device.
Are you sure to continue?[Y/N]Y
Now saving the current configuration to the slot 0.
Save the configuration successfully.
```

任务验证

在交换机 SW5 上查看 SNMP 对应的配置，可以看到 SNMP 成功启动，以及 SNMP 对应的配置信息，其他网络设备同理。执行代码及验证结果如下。

```
<SW5>display current-configuration | include snmp
snmp-agent
snmp-agent local-engineid 800007DB034C1FCCF47B82
snmp-agent community read  jan16
snmp-agent sys-info version v2c
```

任务 3-2 自动发现网络设备

扫一扫，看微课

任务规划

在任务 3-1 中，管理员已完成了网络设备的 SNMP 相关配置，根据项目分析，本任务需要管理员在智能运维平台上进行配置，主要涉及以下步骤。

（1）创建自动发现规则。

（2）创建发现动作。

任务实施

1. 创建自动发现规则

（1）单击 Zabbix 首页左侧的【数据采集】标签，在出现的下拉列表中选择【自动发现】选项，如图 3-2 所示。

图 3-2 选择【自动发现】选项

（2）弹出【自动发现规则】页面，单击右上角的【创建发现规则】按钮，如图 3-3 所示。

图 3-3 【自动发现规则】页面（1）

（3）弹出自动发现规则的设置页面，在【名称】文本框中输入【auto_network】，在【IP 范围】文本框中输入需要被监控的网络设备的 IP 地址，此处为【10.1.1.1-10】，在【更新间隔】文本框中输入【1m】，单击【检查】功能框中的【添加】链接，如图 3-4 所示。

（4）弹出【自动发现检查】窗口，在【检查类型】下拉列表中选择【SNMPv2 客户端】选项，在【端口范围】文本框中输入【161】，在【SNMP community】文本框中输入【jan16】，在【SNMP OID】文本框中输入【SNMPv2-MIB::sysName.0】，单击【添加】按钮，如图 3-5 所示。

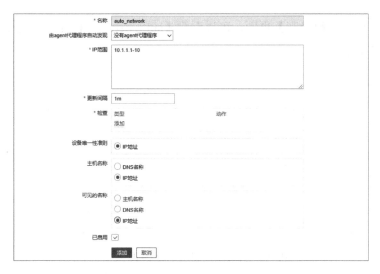

图 3-4　自动发现规则的设置页面（1）

图 3-5　【自动发现检查】窗口

（5）返回自动发现规则的设置页面，在【设备唯一性准则】【主机名称】【可见的名称】选项组中选中【IP 地址】单选按钮，勾选【已启用】复选框，单击【添加】按钮，如图 3-6 所示。

图 3-6　自动发现规则的设置页面（2）

（6）返回【自动发现规则】页面，可以看到【auto_network】的自动发现规则已经创建成功，如图 3-7 所示。

图 3-7　【自动发现规则】页面（2）

2. 创建发现动作

（1）单击 Zabbix 首页左侧的【告警】标签，在出现的下拉列表中选择【动作】→【发现动作】选项，如图 3-8 所示。

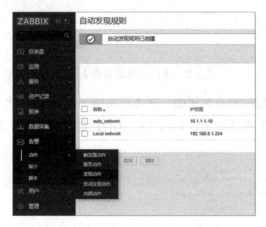

图 3-8　选择【发现动作】选项

（2）弹出【发现动作】页面，单击右上角的【创建动作】按钮，如图 3-9 所示。

图 3-9　【发现动作】页面（1）

（3）弹出【新的动作】窗口，在【名称】文本框中输入【auto_network】，单击【条件】功能框中的【添加】链接，如图 3-10 所示。

图 3-10 【新的动作】窗口（1）

（4）弹出【新的触发条件】窗口，在【类型】下拉列表中选择【主机 IP 地址】选项，在【值】文本框中输入【10.1.1.1-10】，单击【添加】按钮，如图 3-11 所示。

图 3-11 【新的触发条件】窗口

（5）返回【新的动作】窗口，选择【操作】选项，如图 3-12 所示。

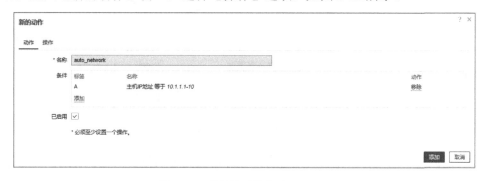

图 3-12 【新的动作】窗口（2）

（6）打开【操作】选项卡，单击【操作】功能框中的【添加】链接，如图 3-13 所示。

图 3-13 【操作】选项卡

（7）弹出【操作详情】窗口，在【操作】下拉列表中选择【添加主机】选项，单击【添加】按钮，如图 3-14 所示。

图 3-14　【操作详情】窗口（1）

（8）再次打开【操作详情】窗口，选择【操作】下拉列表中的【添加到主机群组】选项，单击【主机群组】功能框右侧的【选择】按钮，选择【network】选项，单击【添加】按钮，如图 3-15 所示。

图 3-15　【操作详情】窗口（2）

（9）再次打开【操作详情】窗口，选择【操作】下拉列表中的【与模板关联】选项，单击【模板】功能框右侧的【选择】按钮，选择【Huawei VRP by SNMP】选项，单击【添加】按钮，如图 3-16 所示。

图 3-16　【操作详情】窗口（3）

（10）返回【新的动作】窗口（此时窗口名称已变为【动作】），可以看到 3 个操作都已经添加成功，单击【更新】按钮，如图 3-17 所示。

图 3-17　【动作】窗口

（11）返回【发现动作】页面，可以看到【auto_network】的发现动作已经创建成功，如图 3-18 所示。

图 3-18 【发现动作】页面（2）

📖 任务验证

单击 Zabbix 首页左侧的【监测】标签，在出现的下拉列表中选择【主机】选项，弹出
【主机】页面，可以看到 Zabbix 已经自动监控到表 3-1 中 IP 地址在 10.1.1.1～10.1.1.10 范围
内的网络设备，如图 3-19 所示。

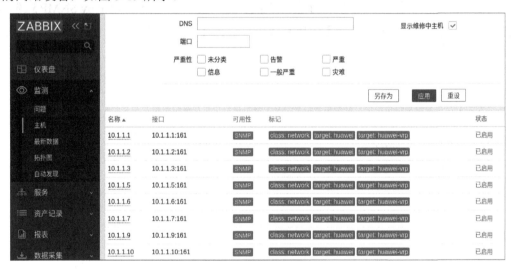

图 3-19 【主机】页面

任务 3-3 手动添加网络设备

扫一扫，看微课

🎯 任务规划

在之前的任务中，管理员已经完成了网络设备的 SNMP 相关配置，同时在智能运维平
台设置了自动发现网络设备的功能，在监控网络设备的过程中，如果通过自动发现功能无

法正常监控到网络设备，则可以采用手动添加网络设备的方式。根据项目分析，本任务需要管理员在智能运维平台上手动添加需要被监控的网络设备。

 任务实施

（1）单击 Zabbix 首页左侧的【监测】标签，在出现的下拉列表中选择【主机】选项，弹出【主机】页面，单击右上角的【创建主机】按钮，如图 3-20 所示。

图 3-20　【主机】页面

（2）弹出【添加主机】窗口，在【主机名称】文本框中输入被监控的设备名称，此处为【SW3】，单击【模板】功能框右侧的【选择】按钮，选择【Huawei VRP by SNMP】选项，单击【主机群组】功能框右侧的【选择】按钮，选择【network】选项，如图 3-21 所示。

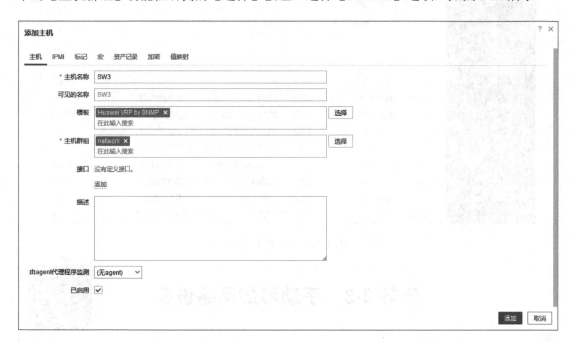

图 3-21　【添加主机】窗口（1）

（3）单击【接口】功能框中的【添加】链接，在弹出的下拉列表中选择【SNMP】选项，如图 3-22 所示。

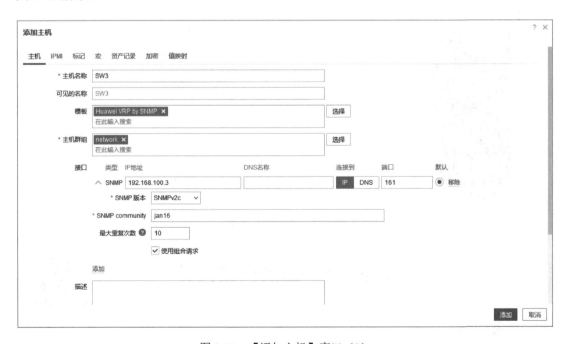

图 3-22　【添加主机】窗口（2）

（4）在【IP 地址】文本框中输入【192.168.100.3】，在【SNMP 版本】下拉列表中选择
【SNMPv2c】选项，在【SNMP community】文本框中输入【jan16】，单击【添加】按钮，如
图 3-23 所示。

图 3-23　【添加主机】窗口（3）

（5）按照上述添加交换机 SW3 的步骤，使用【添加主机】窗口中【主机】选项卡的设
置参数和【宏】选项卡的设置参数，添加交换机 SW4，如图 3-24 所示。

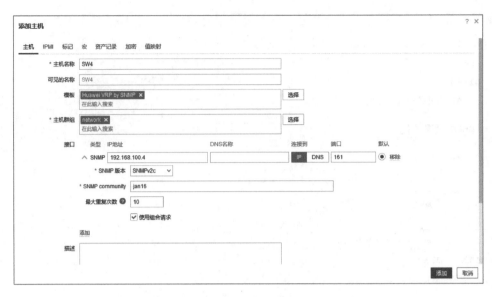

图 3-24　交换机 SW4 对应的【添加主机】窗口

任务验证

单击 Zabbix 首页左侧的【监测】标签，在出现的下拉列表中选择【主机】选项，弹出【主机】页面，可以看到新添加的 IP 地址为 192.168.100.3 和 192.168.100.4 的网络设备，如图 3-25 所示。

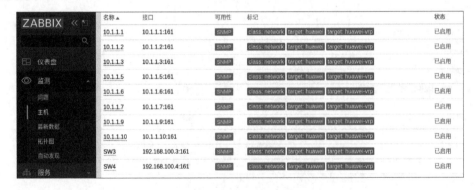

图 3-25　【主机】页面

任务 3-4　绘制网络拓扑

扫一扫，看微课

任务规划

在任务 3-3 中，管理员已经完成了网络设备的接入，为了能够更直观地展示网络设备的告警情况及影响范围，需要在监控平台上绘制网络拓扑。在智能运维平台上绘制网络拓扑时，需要手动将已接入的网络设备添加至网络拓扑。

任务实施

（1）单击 Zabbix 首页左侧的【监测】标签，在出现的下拉列表中选择【拓扑图】选项，弹出【拓扑图】页面，单击右上角的【创建拓扑图】按钮，如图 3-26 所示。

图 3-26 【拓扑图】页面（1）

（2）弹出拓扑图设置窗口，在【名称】文本框中输入【auto_network】，单击【添加】按钮，如图 3-27 所示。

图 3-27 拓扑图设置窗口

（3）返回【拓扑图】页面，单击拓扑图名称【auto_network】，如图 3-28 所示。

图 3-28 【拓扑图】页面（2）

（4）弹出【auto_network】拓扑图对应的【拓扑图】页面，由于此时还未搭建拓扑，所以页面为空，单击右上角的【编辑拓扑图】按钮，如图 3-29 所示。

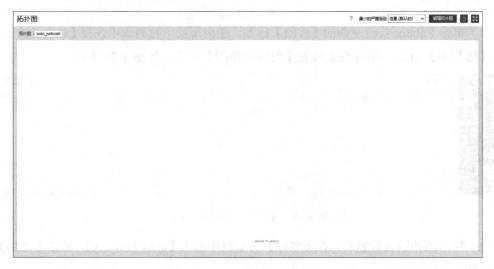

图 3-29 　【auto_network】拓扑图对应的【拓扑图】页面

（5）弹出【网络拓扑图】编辑页面，如图 3-30 所示。

图 3-30 　【网络拓扑图】编辑页面（1）

（6）单击【地图元素】右侧的【添加】链接，生成一个名称为【新的组件】的图形组件，如图 3-31 所示。

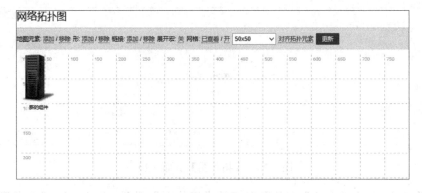

图 3-31 　【网络拓扑图】编辑页面（2）

（7）单击该图形组件，弹出【地图元素】窗口，在【类型】下拉列表中选择【主机】选项，在【标签】文本框中输入【AR1】，单击【主机】功能框右侧的【选择】按钮，如图 3-32 所示。

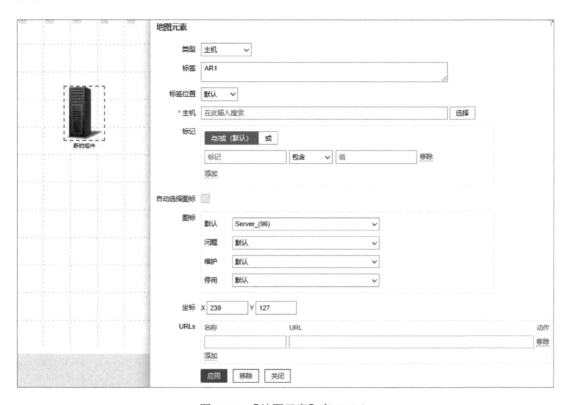

图 3-32　【地图元素】窗口（1）

（8）弹出【主机群组】窗口，选择【network】选项，如图 3-33 所示。

图 3-33　【主机群组】窗口

（9）弹出【主机】窗口，选择【10.1.1.1】选项，如图 3-34 所示。

（10）返回【地图元素】窗口，在【图标】选项组的【默认】下拉列表中选择【Router_symbol_(64)】选项，单击【应用】按钮，如图 3-35 所示。

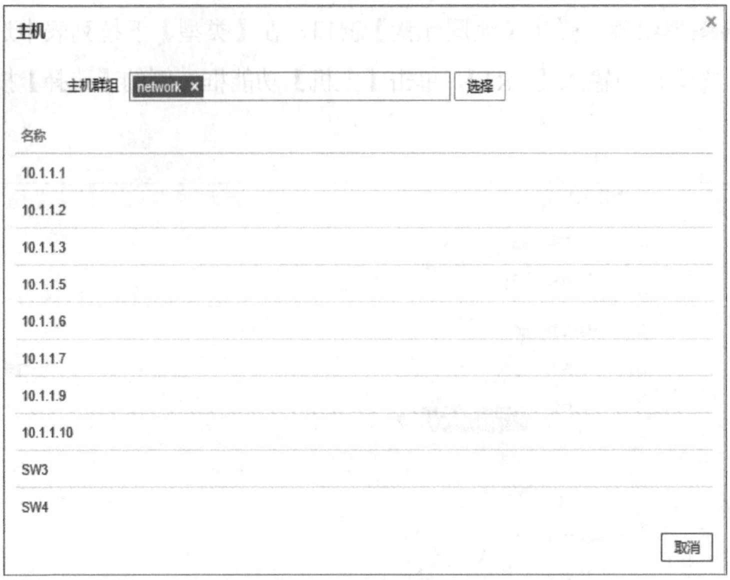

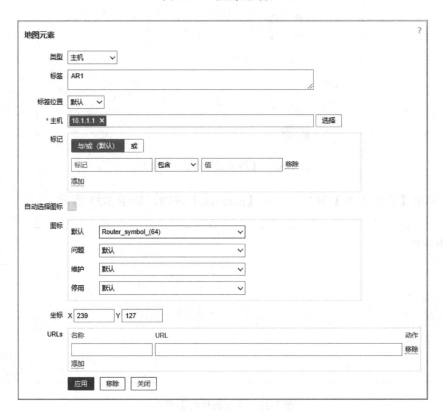

图 3-34　【主机】窗口

图 3-35　【地图元素】窗口（2）

（11）原图标组件及标签更新为设置后的图标组件及标签，如图 3-36 所示。

（12）添加一个新的图形组件并单击，弹出【地图元素】窗口，在【类型】下拉列表中选择【主机】选项，在【标签】文本框中输入【SW1】，单击【主机】功能框右侧的【选择】

按钮，在弹出的【主机群组】窗口中选择【network】选项，在弹出的【主机】窗口中选择【10.1.1.2】选项，返回【地图元素】窗口，在【图标】选项组的【默认】下拉列表中选择【Switch_(64)】选项，单击【应用】按钮，如图 3-37 所示。

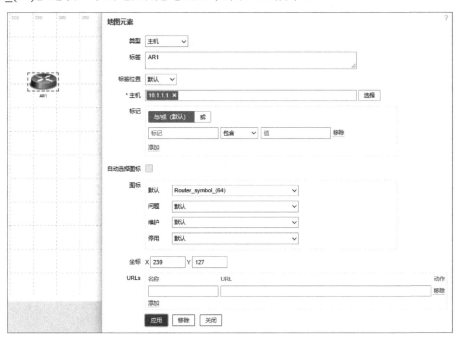

图 3-36　【地图元素】窗口（3）

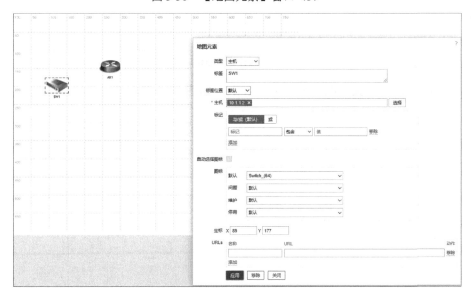

图 3-37　交换机 SW1 对应的【地图元素】窗口

（13）按照以上步骤依次添加网络拓扑中的其他网络设备，如图 3-38 所示。

（14）在【网络拓扑图】编辑页面中单击【链接】右侧的【添加】链接，按住 Ctrl 键，连续单击拓扑图上的两个图形组件，如图 3-39 所示。

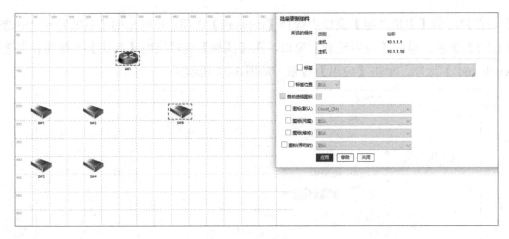

图 3-38　添加其他网络设备

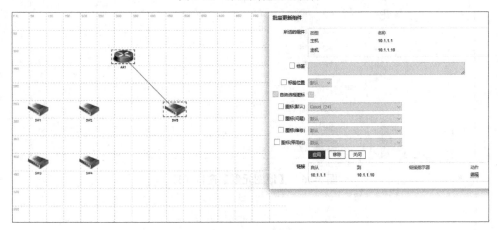

图 3-39　【网络拓扑图】编辑页面（3）

（15）按照同样的步骤将图形组件链接起来，如图 3-40 所示。

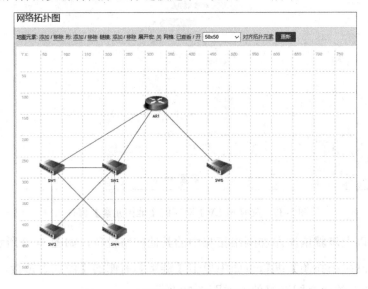

图 3-40　【网络拓扑图】编辑页面（4）

（16）链接完成后，单击【更新】按钮，弹出【拓扑图】页面，如图 3-41 所示。

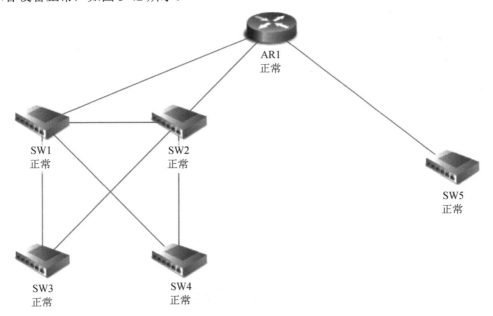

图 3-41　【拓扑图】页面（3）

 任务验证

在【拓扑图】页面中单击拓扑图名称【auto_network】，会弹出绘制好的网络拓扑，并显示各设备正常，如图 3-42 所示。

图 3-42　绘制好的网络拓扑

任务 3-5　进行典型故障处理

扫一扫，看微课

任务规划

当智能运维平台出现告警时，需要相关负责人进行及时处理，以实现损失最小化。以下为一个典型故障的处理案例。

（1）模拟设备故障。

（2）查看故障显示页面。

（3）处理设备故障。

任务实施

1. 模拟设备故障

模拟交换机 SW3 因故障而关机，如图 3-43 所示。

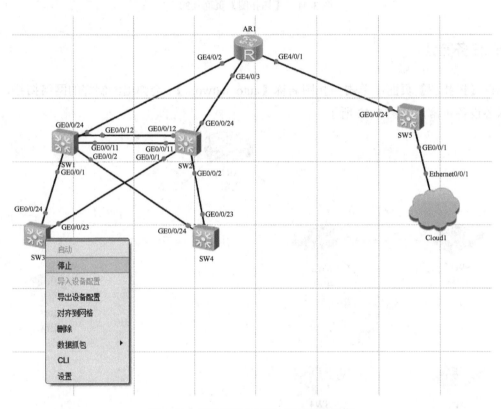

图 3-43　模拟交换机 SW3 因故障而关机

2. 查看故障显示页面

（1）打开 Zabbix 的【主机】页面，可以看到交换机 SW3 的【问题】列出现了表示告警的黄色数字【1】，且与交换机 SW3 链接的 IP 地址为 10.1.1.2 和 10.1.1.6 的主机同时出现了表示发生一般严重问题的橙色数字【1】，如图 3-44 所示。

（2）Zabbix 的【仪表盘】页面弹出提示信息，说明交换机 SW3 发生了重启，与交换机 SW3 链接的 IP 地址为 10.1.1.2 和 10.1.1.6 的主机接口关闭了，如图 3-45 所示。

3. 处理设备故障

重启交换机 SW3，如图 3-46 所示。

名称 ▲	接口	可用性	标记	状态	最新数据	问题	图形	仪表盘	Web监测
10.1.1.1	10.1.1.1:161	SNMP	class: network target: huawei target: huawei-vrp	已启用	最新数据 84	Problems	图形 8	仪表盘 1	Web监测
10.1.1.2	10.1.1.2:161	SNMP	class: network target: huawei target: huawei-vrp	已启用	最新数据 315	1	图形 35	仪表盘 1	Web监测
10.1.1.3	10.1.1.3:161	SNMP	class: network target: huawei target: huawei-vrp	已启用	最新数据 84	Problems	图形 8	仪表盘 1	Web监测
10.1.1.5	10.1.1.5:161	SNMP	class: network target: huawei target: huawei-vrp	已启用	最新数据 84	Problems	图形 8	仪表盘 1	Web监测
10.1.1.6	10.1.1.6:161	SNMP	class: network target: huawei target: huawei-vrp	已启用	最新数据 288	1	图形 32	仪表盘 1	Web监测
10.1.1.7	10.1.1.7:161	SNMP	class: network target: huawei target: huawei-vrp	已启用	最新数据 84	Problems	图形 8	仪表盘 1	Web监测
10.1.1.9	10.1.1.9:161	SNMP	class: network target: huawei target: huawei-vrp	已启用	最新数据 84	Problems	图形 8	仪表盘 1	Web监测
10.1.1.10	10.1.1.10:161	SNMP	class: network target: huawei target: huawei-vrp	已启用	最新数据 279	Problems	图形 31	仪表盘 1	Web监测
SW3	192.168.100.3:161	SNMP	class: network target: huawei target: huawei-vrp	已启用	最新数据 279	1	图形 31	仪表盘 1	Web监测
SW4	192.168.100.4:161	SNMP	class: network target: huawei target: huawei-vrp	已启用	最新数据 279	Problems	图形 31	仪表盘 1	Web监测

图 3-44　Zabbix 的【主机】页面

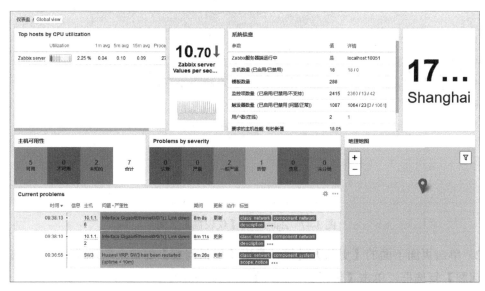

图 3-45　Zabbix 的【仪表盘】页面

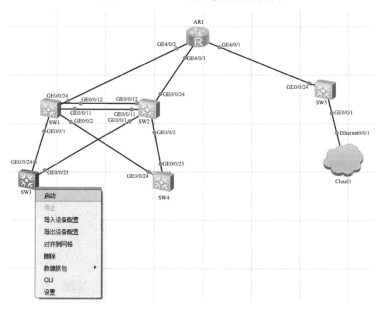

图 3-46　重启交换机 SW3

📖 任务验证

（1）Zabbix 的【仪表盘】页面弹出提示信息，说明交换机 SW3 发生了重启，但无链路关闭问题，如图 3-47 所示。

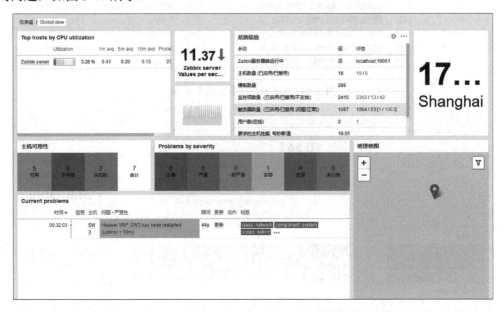

图 3-47　Zabbix 的【仪表盘】页面

（2）单击页面下面的【更新】链接，弹出【更新问题】窗口，勾选【确认】复选框和【关闭问题】复选框，单击【更新】按钮，如图 3-48 所示。

图 3-48　【更新问题】窗口

项目拓展

一、理论题

1. SNMP 是一种用于（　　）的标准协议。

　A. 网络开发　　　　B. 网络管理　　　C. 网络通信　　　D. 数据交换

2. SNMP 是一种（　　）。

　A. 网络监控工具　　B. 采集工具　　　C. 网络交换协议　D. 网络管理协议

3. SNMP 的优点主要包括（　　）。（多选）

　A. 不易理解　　　　B. 简单易用　　　C. 易于实现　　　D. 不易实现

二、项目实训题

1. 实训背景

Jan16 公司的云数据中心投入运营后，就承载了公司 ERP、门户网站等多个关键生产业务系统。该公司的云数据中心网络拓扑如图 3-49 所示，网络设备规划如表 3-4 所示。考虑到对云数据中心交换网络的安全监测需要，公司决定在智能运维服务器上部署 Zabbix 监控系统，具体要求如下。

（1）配置 Zabbix 监控服务，实现自动化监控云数据中心的所有网络设备。

（2）绘制网络拓扑。

（3）进行典型故障处理。

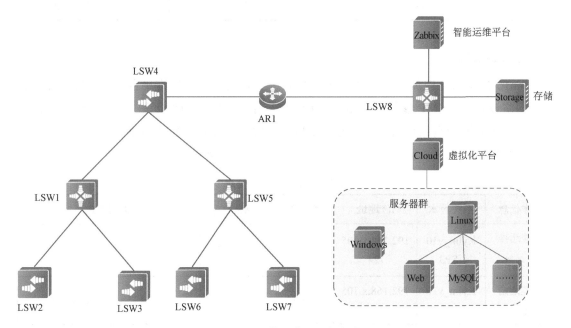

图 3-49　云数据中心网络拓扑

表 3-4　网络设备规划

设备	接口	IP 地址	子网掩码
LSW1	VLAN10	172.16.10.254	255.255.255.0
LSW1	VLAN101	172.16.101.1	255.255.255.252
LSW2	VLAN10	172.16.10.1	255.255.255.0
LSW3	VLAN10	172.16.10.2	255.255.255.0
LSW4	VLAN99	10.10.10.2	255.255.255.252
LSW4	VLAN101	172.16.101.2	255.255.255.252
LSW4	VLAN102	172.16.102.2	255.255.255.252
LSW5	VLAN20	172.16.20.254	255.255.255.0
LSW5	VLAN102	172.16.102.1	255.255.255.252
LSW6	VLAN20	172.16.20.1	255.255.255.0
LSW7	VLAN20	172.16.20.2	255.255.255.0
LSW8	VLAN98	10.10.10.4	255.255.255.252
LSW8	VLAN100	运维网段	255.255.255.0
AR1	G0/0/0	10.10.10.1	255.255.255.252
AR1	G0/0/1	10.10.10.5	255.255.255.252

2. 实训规划

Jan16 公司的管理员已经在智能运维服务器上安装好智能运维平台,现在需要管理员配置网络设备的 SNMP 参数,包括 SNMP 版本、团体名、IP 地址等,并使用该智能运维平台对公司内网的网络设备实施监控,模拟系统故障告警,进行故障排查与维护操作。服务器基本信息如表 3-5 所示。其中,IP 地址中的 x 为短学号。

表 3-5　服务器基本信息

基本信息	系统版本	IP 地址	用户名	密码	访问方式
智能运维服务器	Kylin_v10_SP3	192.168.x.105/24	root	Jan16@123	ssh root@192.168.x.105
智能运维平台	Kylin_v10_SP3	192.168.x.105/24	Admin	zabbix	http://192.168.x.105/zabbix

网络设备信息如表 3-6 所示。

表 3-6　网络设备信息

设备命名	设备类型	型号	管理 IP 地址	SNMP 版本	团体名
LSW1	交换机	S5700	172.16.10.254	v2c	名字缩写+短学号
LSW2	交换机	S5700	172.16.10.1	v2c	名字缩写+短学号
LSW3	交换机	S5700	172.16.10.2	v2c	名字缩写+短学号
LSW4	交换机	S5700	10.10.10.2	v2c	名字缩写+短学号
LSW5	交换机	S5700	172.16.20.254	v2c	名字缩写+短学号
LSW6	交换机	S5700	172.16.20.1	v2c	名字缩写+短学号
LSW7	交换机	S5700	172.16.20.2	v2c	名字缩写+短学号
LSW8	交换机	S5700	10.10.10.4	v2c	名字缩写+短学号
AR1	路由器	AR2220	10.10.10.1	v2c	名字缩写+短学号

3. 实训要求

（1）在交换机 LSW3 上查看 SNMP 对应的配置，可以看到 SNMP 成功启动，以及 SNMP 对应的配置信息。截取 display current-configuration | include snmp 命令的执行结果，其他网络设备同理。

（2）管理员为交换机 LSW4～LSW8 和路由器 AR1 创建自动发现规则后，单击 Zabbix 首页左侧的【监测】标签，在出现的下拉列表中选择【主机】选项，弹出【主机】页面，可以看到 Zabbix 已经自动监控到设备。截取【主机】页面。

（3）管理员手动添加交换机 LSW1～LSW3 后，选择【监测】下拉列表中的【主机】选项，弹出【主机】页面，可以看到新添加的网络设备。截取【主机】页面。

（4）将网络设备添加至网络拓扑，在【拓扑图】页面单击拓扑图名称【auto_network】，会弹出绘制好的网络拓扑，并显示各设备正常。截取【拓扑图】页面。

（5）模拟交换机 LSW3 因故障而关机，返回 Zabbix 的【主机】页面，交换机 LSW3 的【问题】列出现了表示告警的黄色数字【1】。截取【主机】页面。

（6）Zabbix 的【仪表盘】页面弹出提示信息，说明交换机 LSW3 发生了重启。截取 Zabbix 的【仪表盘】页面。

项目 4 服务器监控与运维

学习目标

知识目标：

（1）理解商用服务器的概念。

（2）理解 Zabbix 的监控流程。

能力目标：

（1）掌握商用服务器启用 SNMP 服务的方法。

（2）掌握智能运维平台监控服务器的方法。

素养目标：

（1）理解商用服务器的健康状态对业务连续性的影响，锻炼系统思维并树立全局意识。

（2）在使用智能运维平台进行监控等操作时，始终贯彻最小权限原则，强化信息安全意识。

项目描述

Jan16 公司的云数据中心投入运营后，就承载了公司 ERP、门户网站等多个关键生产业务系统。考虑到对服务器的监测需要，公司决定在智能运维服务器上部署商用服务器的监控系统，具体要求如下。

（1）配置商用服务器监控服务，实现自动化监控。

（2）通过智能运维平台监控服务器，查看被监控的服务器的监控数据。

（3）在系统告警时进行维护操作等。

项目拓扑如图 4-1 所示。

智能运维服务器
HostName：jan16
OS：Kylin_v10_SP3
IP：192.168.200.105/24

商用服务器
HostName：RH2288
OS：RH2288H_V3
IP：192.168.2.100/24

图 4-1 项目拓扑

项目分析

根据项目描述，Jan16 公司的管理员已经在智能运维服务器上安装好智能运维平台，现在需要使用该平台为公司的服务器配置 SNMP，实施监控，并模拟系统故障告警，进行故障排查与维护操作。

因此，本项目可以通过以下工作任务来完成。

（1）配置并启用服务器 SNMP。

（2）通过智能运维平台监控服务器。

（3）进行典型故障处理。

项目规划

Zabbix 可以通过 iBMC（智能基础管理控制器）监控商用服务器的硬件状态。iBMC 系统默认支持 v3 版本的 SNMP 服务，而 SNMPv1 和 SNMPv2c 版本由于自身机制存在安全隐患，默认是不开启的。如果使用 SNMPv1 和 SNMPv2c 版本，则需要配置团体名；而使用 SNMPv3 版本，则只需知道用户名、密码及加密算法即可。iBMC 系统对于确保服务器的稳定运行、提高系统的可靠性和可用性具有重要意义。通过及时发现和处理硬件故障、优化资源配置、分析性能瓶颈等问题，管理员可以确保服务器持续、高效地为企业提供服务。服务器基本信息如表 4-1 所示，商用服务器安全信息如表 4-2 所示。

表 4-1 服务器基本信息

基本信息	系统版本	IP 地址	用户名	密码	访问方式
智能运维服务器	Kylin_v10_SP3	192.168.200.105/24	root	Jan16@123	ssh root@192.168.200.105
智能运维平台	Kylin_v10_SP3	192.168.200.105/24	Admin	zabbix	http://192.168.200.105/zabbix
商用服务器	RH2288H_V3	192.168.2.100/24	root	Huawei12#$	https://192.168.2.100

表 4-2　商用服务器安全信息

设备命名	系统类型	管理 IP 地址	SNMP 版本	安全名称	认证协议	认证口令	隐私协议
RH2288	iBMC 系统	192.168.2.100	v3	Jan16	MD5	Jan16@123	DES

相关知识

4.1　商用服务器介绍

商用服务器是一种专门用于商业和企业环境的服务器设备,可以提供计算、存储和网络等服务。商用服务器通常具有可靠性和可扩展性,且性能较高,可以满足企业对数据处理和业务运行的需求。

商用服务器的多处理器架构是它的一个重要特点。多处理器架构指的是服务器中搭载了多个处理器,这些处理器可以进行并行计算,提高了服务器的整体性能。商用服务器的多处理器架构可以采用不同的架构类型,如 SMP(对称多处理)、NUMA(非一致存储访问)和 MPP(大规模并行处理)。

商用服务器的选择取决于企业的业务需求、预算、安全性和可靠性等因素。常见的商用服务器品牌包括戴尔、惠普、IBM 等。此外,企业还可以选择 VPS(虚拟专用服务器)或云服务器作为替代方案。VPS 是指在一台物理服务器上通过虚拟化技术划分出多个独立的虚拟机,每个虚拟机都有自己的操作系统和资源。云服务器则基于云计算技术的虚拟化服务,提供弹性、可扩展、按需付费的计算服务。

4.2　Zabbix 监控流程

配置 Zabbix 监控系统以实现对 ICT 基础设施的有效监控,通常涉及以下几个核心步骤和内容。

(1)配置基础结构,包括主机(Hosts)和监控项(Items)。添加并配置被监控的服务器或设备到 Zabbix 监控系统中,并将其分配到相应的主机群组中,如果被监控设备支持 SNMP,则可以配置 SNMP 相关参数,以便 Zabbix 监控系统能够通过 SNMP 获取远程设备的数据。之后定义具体要监控的各项指标,如 CPU 使用率、内存使用率、磁盘使用率、网络流量、特定服务的状态(如 Web 服务监听的端口)等。

(2)模板(Templates)。应用预定义或自定义的模板可以快速批量配置监控项、图形和触发器等。模板可以大大简化配置过程,尤其是对于具有相似监控需求的多台服务器来说。

（3）触发器（Triggers）。配置触发条件，当监控数据达到预设阈值时，触发器将决定何时发送告警信息。

（4）动作（Actions）。配置动作规则，包括激活触发器时采取的动作，如发送邮件、短信，或者调用外部脚本等。

4.3　常用的商用服务器监控指标

商用服务器的监控指标根据具体的需求和服务器的用途而有所不同。以下是一些常用的商用服务器监控指标。

（1）CPU 使用率：监控服务器的 CPU 使用率，以了解服务器的处理能力和负载情况。

（2）内存使用率：监控服务器的内存使用率，以确保服务器有足够的内存用于运行应用程序和服务。

（3）磁盘使用率：监控服务器的磁盘使用率，以确保磁盘空间充足，避免数据丢失或应用程序崩溃。

（4）网络流量：监控服务器的网络流量，包括入站和出站流量，以了解服务器的网络负载和带宽使用情况。

（5）网络连接数：监控服务器的网络连接数，以确保服务器能够处理足够的连接请求。

（6）系统负载：监控服务器的系统负载，包括平均负载和运行队列长度，以了解服务器的处理能力和负载情况。

（7）网络延迟：监控服务器的网络延迟，以确保网络连接的稳定性和响应性。

（8）服务可用性：监控服务器的服务可用性，包括 HTTP、FTP、SMTP 等服务的运行状态，以确保服务正常运行。

（9）系统日志和错误日志：监控服务器的系统日志和错误日志，以及应用程序的错误日志，以确保及时发现并解决问题。

这些是常用的商用服务器监控指标，具体的监控指标可以根据实际需求进行调整和扩展。使用 Zabbix 等监控系统可以方便地监控这些指标，并提供实时的监控数据和告警功能，以便管理员及时发现并解决问题，确保服务器的稳定性和可靠性。

项目实施

任务 4-1　配置并启用服务器 SNMP

扫一扫，看微课

 任务规划

根据项目要求，管理员需要先登录商用服务器，再执行配置 SNMP 的任务，主要涉及以下步骤。

（1）登录 iBMC 控制台。

（2）创建监控用户。

（3）配置并启用 SNMP。

任务实施

1. 登录 iBMC 控制台

在浏览器地址栏中输入商用服务器的管理 IP 地址【192.168.2.100】，打开商用服务器的 iBMC 登录页面，输入用户名和密码（在没有修改的情况下，RH 系列服务器的用户名/密码默认为 root/Huawei12#$），在【域名】下拉列表中选择【这台 iBMC】选项，单击【登录】按钮，即可登录 iBMC 控制台，如图 4-2 所示。

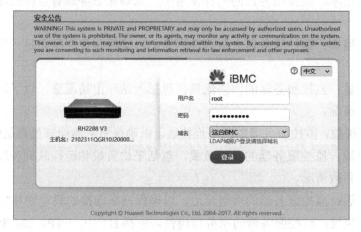

图 4-2　iBMC 登录页面

2. 创建监控用户

（1）登录成功后，进入 iBMC 控制台首页，单击【本地用户】按钮，如图 4-3 所示。

图 4-3　iBMC 控制台首页

（2）进入【本地用户】页面，单击【添加】按钮，如图 4-4 所示。

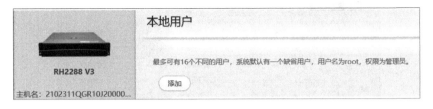

图 4-4　【本地用户】页面

（3）弹出新建用户信息的页面，在【请输入您的密码】文本框中输入 root 用户的密码
【Huawei12#$】，在【新用户名】文本框中输入【Jan16】，在【新密码】和【密码确认】文本
框中输入【Jan16@123】，在【登录接口】选项组中仅勾选【SNMP】复选框，在【权限】选
项组中选中【普通用户】单选按钮，单击【保存】按钮，如图 4-5 所示。

图 4-5　新建用户信息的页面

（4）返回【本地用户】页面，可以看到用户【Jan16】已经创建成功，如图 4-6 所示。

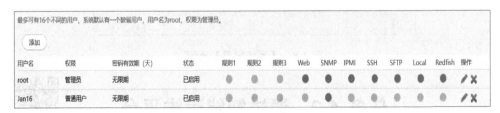

图 4-6　用户创建成功

3. 配置并启用 SNMP

在 iBMC 控制台首页选择顶部的【配置】选项，进入配置页面，选择左侧的【服务配
置】选项，弹出【服务配置】页面，启用【SNMP Agent】服务并输入 SNMP 端口号，在一
般情况下，SNMP 默认使用 161 端口，如图 4-7 所示。

图 4-7　【服务配置】页面

📖 任务验证

在 iBMC 控制台的配置页面中，选择左侧的【系统配置】选项，弹出【系统配置】页面，可以看到 iBMC 系统默认支持 SNMPv3 版本的协议，如图 4-8 所示。

图 4-8　【系统配置】页面

任务 4-2　通过智能运维平台监控服务器

扫一扫，看微课

🎯 任务规划

根据项目要求，管理员需要通过智能运维平台监控 RH 系列服务器，主要涉及以下步骤。

（1）导入 RH 系列 SNMP 通用模板。

（2）配置通用模板基本信息和 SNMP 服务。

任务实施

1. 导入 RH 系列 SNMP 通用模板

（1）单击 Zabbix 首页左侧的【数据采集】标签，在出现的下拉列表中选择【模板】选项，弹出【模板】页面，单击【导入】按钮，如图 4-9 所示。

图 4-9 【模板】页面

（2）弹出【导入】窗口，单击【浏览】按钮，如图 4-10 所示。之后，在弹出的【文件上传】对话框中选择下载路径下的【template_huawei_rh5885h_v3.yaml】文件，单击【打开】按钮，如图 4-11 所示。

图 4-10 【导入】窗口（1）

图 4-11 下载路径下的【template_huawei_rh5885h_v3.yaml】文件

（3）返回【导入】窗口，单击【导入】按钮，如图 4-12 所示。

图 4-12　【导入】窗口（2）

（4）弹出【模板】导入页面，单击【导入】按钮，如图 4-13 所示。

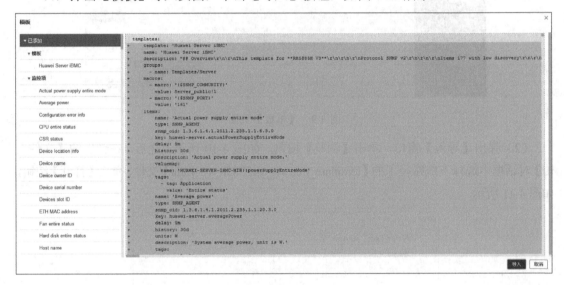

图 4-13　【模板】导入页面

（5）弹出显示【删除导入文件中不存在的所有元素？】信息的提示对话框，单击【正常】按钮，如图 4-14 所示。

图 4-14　提示对话框

2. 配置通用模板基本信息和SNMP服务

打开 Zabbix 的【添加主机】窗口，设置【主机名称】为【RH2288】，【模板】为【Huawei Server iBMC】，【主机群组】为【Applications】，单击【接口】功能框中的【添加】链接，在弹出的下拉列表中选择【SNMP】选项，并在对应的【IP 地址】文本框中输入【192.168.2.100】，在【SNMP 版本】下拉列表中选择【SNMPv3】选项，在【安全名称】文本框中输入【Jan16】，在【安全级别】下拉列表中选择【authPriv】选项，在【认证协议】下拉列表中选择【MD5】

选项，在【认证口令】文本框中输入【Jan16@123】，在【隐私协议】下拉列表中选择【DES】选项，在【私钥】文本框中输入【Jan16@123】，单击【添加】按钮完成配置，如图 4-15 所示。

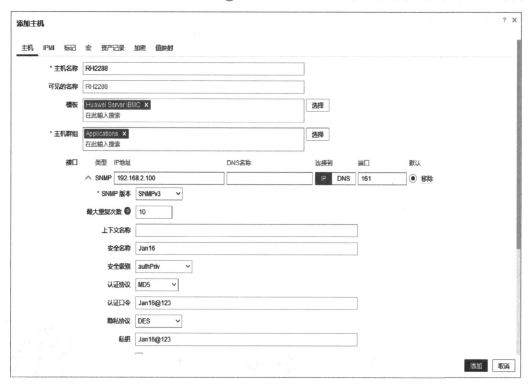

图 4-15　【添加主机】窗口

📖 任务验证

（1）单击 Zabbix 首页左侧的【数据采集】标签，在出现的下拉列表中选择【模板】选项，弹出【模板】页面，在【链接的模板】文本框中输入【Huawei】，可以看到自动弹出的提示【Huawei Server iBMC】，选择该模板即可，如图 4-16 所示。

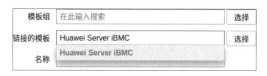

图 4-16　【模板】页面

（2）单击 Zabbix 首页左侧的【监测】标签，在出现的下拉列表中选择【主机】选项，弹出【主机】页面，可以看到【RH2288】主机已监控成功，如图 4-17 所示。

名称 ▲	接口	可用性	标记		状态	最新数据	问题	图形	仪表盘
RH2288	192.168.2.100:161	SNMP			已启用	最新数据 203	Problems	图形	仪表盘
Zabbix server	127.0.0.1:10050	ZBX	class: os　class: software　target: linux	···	已启用	最新数据 134	Problems	图形 25	仪表盘 4

图 4-17　【主机】页面

（3）纳入监控 10 分钟后，在【主机】页面中单击【RH2288】一行中的【最新数据】链接，在弹出的页面中单击【1 syslog receiver enable】右侧的【图形】按钮，可以查看 RH2288 的使用情况，如图 4-18 所示。

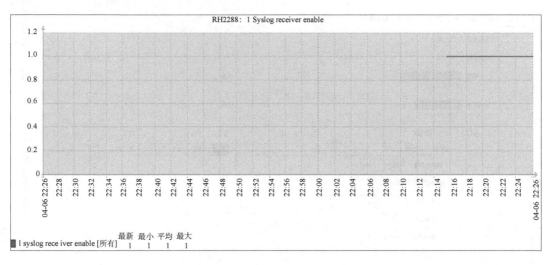

图 4-18　RH2288 的使用情况

任务 4-3　进行典型故障处理

扫一扫，看微课

 任务规划

根据项目要求，管理员需要模拟服务器故障的产生和告警，并且对故障进行排查处理，主要涉及以下步骤。

（1）让服务器失联。

（2）查看智能运维平台产生的告警并对告警进行分析。

（3）对故障进行排查处理。

任务实施

1. 让服务器失联

打开 iBMC 控制台的【服务配置】页面，关闭 SNMP 端口，如图 4-19 所示，或者物理断开与商用服务器的连接，模拟故障的产生。

2. 查看智能运维平台产生的告警并对告警进行分析

打开 Zabbix 的【主机】页面，可以看到【RH2288】主机连接 Zabbix 服务器失败，将鼠标指针移动至红色的【SNMP】处，可以看到错误原因为【Cannot connect to "192.168.2.100:161":

Timeout.】，如图 4-20 所示。

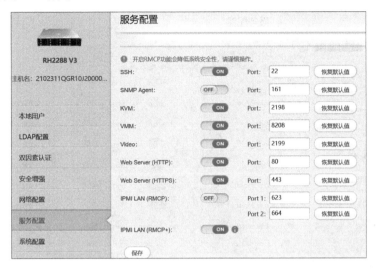

图 4-19　关闭 SNMP 端口

图 4-20　查看错误原因

3. 对故障进行排查处理

（1）排查到主机与服务器端口连接中断，因此怀疑 SNMP 端口被关闭或者与服务器物理设备的连接中断。检查商用服务器物理设备的连接状态，并在检查无误后打开 iBMC 控制台的【服务配置】页面，检查 SNMP 端口状态，可以看到端口状态为【OFF】，如图 4-21所示。

图 4-21　检查 SNMP 端口状态

（2）开启 SNMP 端口，查看主机是否重新上线，如图 4-22 所示。

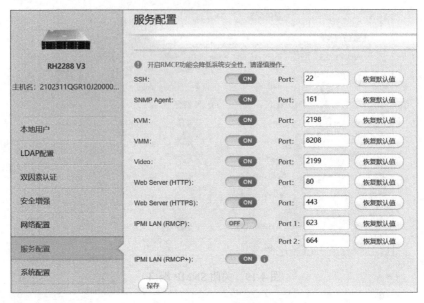

图 4-22　开启 SNMP 端口

任务验证

打开 Zabbix 的【主机】页面，可以看到【RH2288】主机已监控成功，如图 4-23 所示。

名称 ▲	接口	可用性	标记		状态	最新数据	问题	图形	仪表盘
RH2288	192.168.2.100:161	SNMP			已启用	最新数据 203	Problems	图形	仪表盘
Zabbix server	127.0.0.1:10050	ZBX	class: os　class: software　target: linux	•••	已启用	最新数据 134	Problems	图形 25	仪表盘 4

图 4-23　【主机】页面

项目拓展

一、理论题

1. iBMC 系统默认支持（　　）版本的 SNMP 服务。

    A. v1　　　　　　　　B. v2　　　　　　　　C. v3　　　　　　　　D. v4

2. 商用服务器是一种专门用于（　　）和企业环境的服务器设备。

    A. 商业　　　　　　　B. 工业　　　　　　　C. 私人　　　　　　　D. 个体

3. 配置 Zabbix 监控系统以实现对 ICT 基础设施的有效监控，通常涉及的核心步骤和内容有（　　）。（多选）

    A. 配置基础结构，包括主机和监控项　　B. 模板

    C. 触发器　　　　　　　　　　　　　　D. 动作

二、项目实训题

1. 实训背景

Jan16 公司的云数据中心投入运营后，就承载了公司 ERP、门户网站等多个关键生产业务系统。考虑到对服务器的监测需要，公司决定在智能运维服务器上部署商用服务器的监控系统，具体要求如下。

（1）配置商用服务器监控服务，实现自动化监控。

（2）通过智能运维平台监控服务器，查看被监控的服务器的监控数据。

（3）在系统告警时进行维护操作等。

项目拓扑如图 4-24 所示。

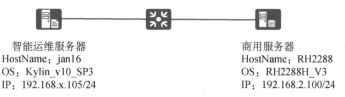

智能运维服务器	商用服务器
HostName：jan16	HostName：RH2288
OS：Kylin_v10_SP3	OS：RH2288H_V3
IP：192.168.x.105/24	IP：192.168.2.100/24

图 4-24　项目拓扑

2. 实训规划

Zabbix 可以通过 iBMC（智能基础管理控制器）监控商用服务器的硬件状态。iBMC 系统默认支持 v3 版本的 SNMP 服务，而 SNMPv1 和 SNMPv2c 版本由于自身机制存在安全隐患，默认是不开启的。如果使用 SNMPv1 和 SNMPv2c 版本，则需要配置团体名，而使用 SNMPv3 版本，则只需知道用户名、密码及加密算法即可。iBMC 系统对于确保服务器的稳定运行、提高系统的可靠性和可用性具有重要意义。通过及时发现和处理硬件故障、优化资源配置、分析性能瓶颈等问题，管理员可以确保服务器持续、高效地为企业提供服务。服务器基本信息如表 4-3 所示。其中，智能运维服务器和智能运维平台的 IP 地址中 x 为短学号。

表 4-3　服务器基本信息

基本信息	系统版本	IP 地址	用户名	密码	访问方式
智能运维服务器	Kylin_v10_SP3	192.168.x.105/24	root	Jan16@123	ssh root@192.168.x.105
智能运维平台	Kylin_v10_SP3	192.168.x.105/24	Admin	zabbix	http://192.168.x.105/zabbix
商用服务器	RH2288H_V3	192.168.2.100/24	root	Huawei12#$	https://192.168.2.100

商用服务器安全信息如表 4-4 所示。

表 4-4　商用服务器安全信息

设备命名	系统类型	管理 IP 地址	SNMP 版本	安全名称	认证协议	认证口令	隐私协议
RH2288	iBMC 系统	192.168.2.100	v3	名字缩写+短学号	SHA1	Jan16@123	AES128

3. 实训要求

（1）在 iBMC 控制台的【本地用户】页面中，创建用户【Lhw16】。截取 iBMC 控制台的【本地用户】页面。

（2）在 iBMC 控制台首页选择顶部的【配置】选项。进入配置页面，选择左侧的【服务配置】选项，弹出【服务配置】页面，启用【SNMP Agent】服务并输入 SNMP 端口号，在一般情况下，SNMP 默认使用 161 端口。截取 iBMC 控制台的【服务配置】页面。

（3）单击 Zabbix 首页左侧的【数据采集】标签，在出现的下拉列表中选择【模板】选项，进入【模板】页面，在【链接的模板】文本框中输入【Huawei】，可以看到自动弹出的提示【Huawei Server iBMC】。截取 Zabbix 的【模板】页面。

（4）打开 Zabbix 的【主机】页面，可以看到【RH2288】主机已监控成功。截取【主机】页面。

（5）纳入监控 10 分钟后，在【主机】页面中单击【RH2288】一行中的【最新数据】链接，在弹出的页面中勾选【主机】左边的复选框，全选所有数据后，将页面滑动到底部，单击【显示图表】按钮，可以查看【RH2288】主机的使用情况。截取监控项的页面。

（6）让服务器失联。打开 iBMC 控制台的【服务配置】页面，关闭 SNMP 端口，返回 Zabbix 的【主机】页面，可以看到【RH2288】主机连接 Zabbix 服务器失败，将鼠标指针移动至红色的【SNMP】处，可以看到错误原因。截取【主机】页面。

（7）开启 SNMP 端口，查看主机是否重新上线。打开 Zabbix 的【主机】页面，可以看到【RH2288】主机已监控成功。截取【主机】页面。

项目 5　存储设备监控与运维

知识目标：

（1）理解 NAS 的基本概念。

（2）认识 TrueNAS 工具。

能力目标：

（1）掌握 Zabbix 模板的使用方法。

（2）掌握导入监控模板的方法。

（3）掌握智能运维平台监控存储设备的方法。

素养目标：

（1）理解 NAS 在现代企业数据存储与共享中的重要性，形成良好的数据管理意识。

（2）通过熟悉 TrueNAS 等专业存储管理工具，树立实践应用意识。

Jan16 公司新搭建了一个智能运维平台，现在希望管理员能够通过智能运维平台对公司云数据中心的存储设备进行监控，且要求管理员能够通过智能运维平台监控存储设备的基本信息、CPU 信息、磁盘信息等。项目拓扑如图 5-1 所示，存储设备磁盘信息如表 5-1 所示，具体要求如下。

智能运维服务器
HostName：jan16
OS：Kylin_v10_SP3
IP：192.168.200.105/24

存储服务器
HostName：truenas
OS：FreeBSD
IP：192.168.200.107/24

图 5-1　项目拓扑

（1）通过智能运维平台监控存储设备。

（2）模拟存储设备故障、智能运维平台告警，并对故障进行处理。

表 5-1　存储设备磁盘信息

服务器	磁盘编号	存储池	磁盘容量	用途
TrueNAS	da0	Pool	20GB	/
	da1	Pool1	20GB	RAID-Z
	da2	Pool1	20GB	RAID-Z
	da3	Pool1	20GB	RAID-Z
	da4	Pool1	20GB	RAID-Z

项目分析

根据项目描述，Jan16 公司的管理员已经在智能运维服务器上安装好智能运维平台，现在需要使用该平台对公司云数据中心的存储设备实施监控。

因此，本项目可以通过以下工作任务来完成。

（1）导入 TrueNAS 监控模板。

（2）监控存储设备。

（3）进行典型故障处理。

项目规划

Jan16 公司的管理员在智能运维平台上使用 SNMP 监控存储设备时，需要合理配置监控项、SNMP 参数、数据获取方式和告警规则等参数，以确保能够实时、准确地监控存储设备的状态和性能指标。同时，管理员还需要定期进行数据备份和恢复操作，以防止数据丢失和意外情况发生，并模拟系统故障告警，进行故障排查与维护操作。

服务器基本信息如表 5-2 所示，存储设备信息如表 5-3 所示。

表 5-2　服务器基本信息

基本信息	系统版本	IP 地址	用户名	密码	访问方式
智能运维服务器	Kylin_v10_SP3	192.168.200.105/24	root	Jan16@123	ssh root@192.168.200.105
智能运维平台	Kylin_v10_SP3	192.168.200.105/24	Admin	zabbix	http://192.168.200.105/zabbix
存储服务器	FreeBSD	192.168.200.107/24	root	Jan16@123	https://192.168.200.107

表 5-3　存储设备信息

设备命名	设备类型	管理 IP 地址	SNMP 版本	团体名
truenas	存储系统	192.168.200.107	v2c	jan16

5.1 NAS 介绍

NAS（Network Attached Storage，网络附属存储）是一种专门的数据存储设备，它通过局域网与计算机或其他设备连接，提供文件共享和存储功能。NAS 设备通常配备一块或多块磁盘，可以组织成一个磁盘阵列（RAID）以提高数据可靠性和性能。

NAS 设备可以作为一个独立的网络节点存在，允许用户通过特定的协议（如 NFS、SMB/CIFS 等）访问和存储数据。这种存储解决方案具有以下优势。

（1）集中存储：NAS 可以将数据集中存储在一个中央位置，便于访问和管理。

（2）跨平台支持：NAS 支持多种操作系统，如 Windows、macOS、Linux 等，可以在不同设备之间共享数据。

（3）数据备份和恢复：NAS 设备通常具有数据备份和恢复功能，可以提高数据的可靠性和安全性。

（4）易于管理和扩展：NAS 设备通常具有对用户友好的管理页面，便于管理和维护。此外，可以通过添加更多磁盘来扩展存储空间。

NAS 设备广泛应用于家庭、办公室和小型企业，可以存储照片、视频、文档等重要数据。一些高端的 NAS 设备还可以支持其他功能，如虚拟机、媒体服务器、备份管理等。

5.2 TrueNAS 介绍

TrueNAS 是一款开源的 NAS 产品。它是基于 FreeBSD 操作系统和 ZFS 文件系统开发的，为用户提供了可扩展、可靠且易于使用的存储平台。TrueNAS 支持多种协议，如 NFS、SMB/CIFS、iSCSI 等，以便用户通过各种设备和操作系统访问和存储数据。

5.3 Zabbix 监控 TrueNAS 设备

当 Zabbix 监控 TrueNAS 设备时，它首先使用 SNMP 向 TrueNAS 设备发送一个 SNMP 请求，请求设备的状态信息；TrueNAS 设备上的代理程序会响应该请求并返回设备的状态信息；Zabbix 接收到这些信息后，会将其解析为可读的监控数据，并在页面上显示出来。

当 TrueNAS 设备出现故障或性能问题时，代理程序会自动发送一个 SNMP 告警信息（trap 消息）给 Zabbix（管理站）。Zabbix 接收到这个告警信息后，会触发相应的告警机制，并通知管理员进行处理。

使用 SNMP 监控 TrueNAS 设备的优点在于，SNMP 是一种标准的网络管理协议，它可以在不同的网络设备之间进行通用的管理。此外，SNMP 简单易用，极大地简化了网络管理员的工作，提高了网络管理的效率。

5.4　Zabbix 的模板功能

Zabbix 提供了一种强大的模板语言，用于定义监控项、告警、模板和其他监控系统要素。下面是一些关于 Zabbix 模板功能的介绍。

（1）模板的定义：Zabbix 使用模板来定义监控项、告警、事件等。模板包含有关监控项的详细信息，如服务器名称、IP 地址、应用程序名称、数据库类型等。每个模板都可以单独配置，以满足特定需求。

（2）模板的使用：Zabbix 提供了一些预定义的模板，如 common、server、application 等，用户可以根据自己的需求选择相应的模板。

（3）模板的编辑和创建：用户可以根据自己的需求编辑现有的模板，或者创建全新的模板。编辑和创建模板可以通过 Zabbix GUI 完成，或者通过 Zabbix API 实现。

（4）模板的管理：Zabbix 提供了模板管理的用户页面，用户可以通过该页面进行模板的查看、编辑、创建、删除等操作。

（5）模板的引用：模板可以引用其他模板，使 Zabbix 可以重复利用现有的监控项配置模板，提高监控效率。

（6）模板的关系：模板之间可以通过关系联系起来，使多个模板被视为一个整体，如父子关系、兄弟关系等。

5.5　Zabbix 的监控指标

Zabbix 的监控功能非常强大，可以满足各种复杂的监控需求。其监控指标也非常丰富，主要包括各种硬件设备、操作系统、网络服务、数据库等方面的指标，具体如下。

（1）存储设备的 CPU 使用率：这个指标用于衡量存储设备的 CPU 使用情况，可以帮助管理员了解存储设备的处理能力是否足够，以及是否需要进行优化或升级。

（2）磁盘使用总量：这个指标表示磁盘使用的总容量，可以帮助管理员了解磁盘的使用情况，以及是否需要进行磁盘扩容。

（3）磁盘使用率：如果磁盘使用率过高，则说明需要进行磁盘优化或扩容。

（4）磁盘读写速率：这个指标可以帮助管理员了解存储设备的 I/O 性能。

（5）存储设备的内存使用率：这个指标可以帮助管理员了解存储设备的内存使用情况，以及是否需要进行内存优化或扩容。

（6）存储设备的网络带宽使用率：这个指标可以帮助管理员了解存储设备的网络带宽使用情况，以及是否需要进行网络优化或扩容。

通过监控这些指标，Zabbix 可以帮助管理员及时发现存储设备的瓶颈和问题，保障存储设备的稳定性和可用性。同时，这些指标也可以用于评估存储设备的性能和容量是否满足业务需求，以及是否需要进行升级或优化；可以帮助监控存储设备的性能和健康状态，并及时发现潜在的问题。通过监控功能，Zabbix 可以实时收集和展示这些指标的数据，并设置相应的告警规则，以便在出现异常情况时及时通知管理员。注意，具体的监控指标可能会因为存储设备的类型和配置不同而有所差异，建议根据实际情况选择适合的监控指标进行配置。

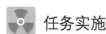

项目实施

任务 5-1　导入 TrueNAS 监控模板

扫一扫，看微课

 任务规划

Zabbix 本地服务器中没有内置监控 TrueNAS 的相关模板，现在管理员需要将监控 TrueNAS 的相关模板导入本地服务器，主要涉及以下步骤。

（1）查找模板。

（2）导入模板。

任务实施

1. 查找模板

（1）单击 Zabbix 首页左下侧的【集成】按钮，如图 5-2 所示。

图 5-2　单击【集成】按钮

（2）弹出 Zabbix 的【监控集成解决方案】页面，单击【Storage】按钮，如图 5-3 所示。

图 5-3　【监控集成解决方案】页面

（3）弹出存储相关模板页面，找到并单击【TrueNAS】按钮，如图 5-4 所示。

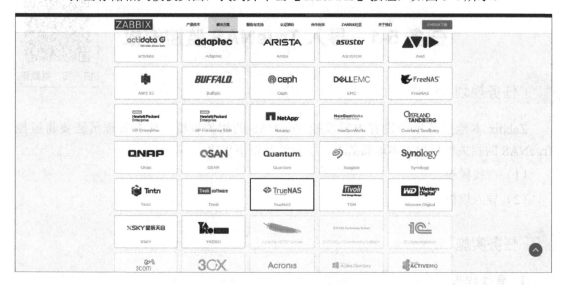

图 5-4　存储相关模板页面

（4）弹出【TrueNAS】模板相关信息页面，单击【Source】后面的链接进行下载，如图 5-5 所示。

（5）弹出【truenas_snmp】模板页面，单击【template_app_truenas_snmp.yaml】文件链接，如图 5-6 所示。

（6）将文件内容复制到文本文件中，如图 5-7 和图 5-8 所示，并将该文本文件重命名为【truenas.yaml】，保存至桌面。

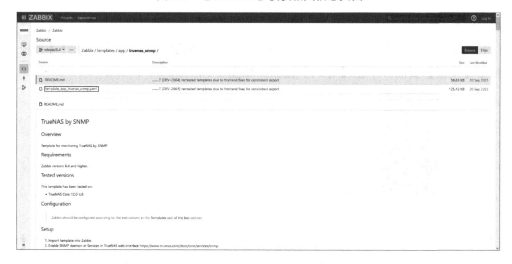

图 5-5　【TrueNAS】模板相关信息页面

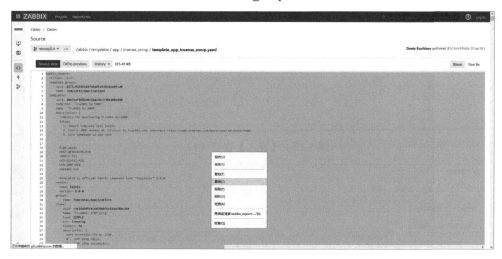

图 5-6　【truenas_snmp】模板页面

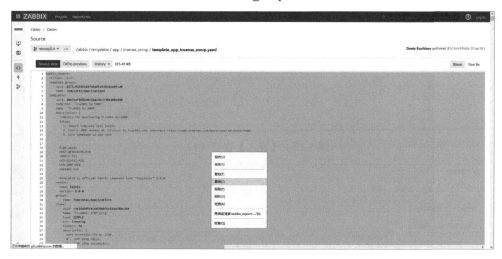

图 5-7　复制文件内容

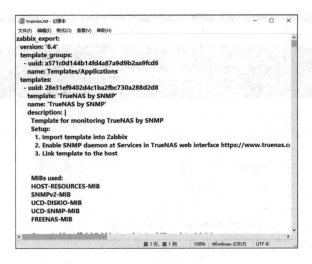

图 5-8　文本文件

2. 导入模板

（1）单击 Zabbix 首页左侧的【数据采集】标签，在出现的下拉列表中选择【模板】选项，弹出【模板】页面，单击【导入】按钮，如图 5-9 所示。

图 5-9　【模板】页面

（2）弹出【导入】窗口，单击【浏览】按钮，如图 5-10 所示。之后，在弹出的【文件上传】对话框中选择桌面路径下的【truenas.yaml】文件，单击【打开】按钮，如图 5-11 所示。

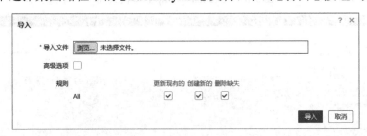

图 5-10　【导入】窗口（1）

图 5-11　桌面路径下的【truenas.yaml】文件

（3）返回【导入】窗口，单击【导入】按钮，如图 5-12 所示。

图 5-12　【导入】窗口（2）

（4）弹出【模板】导入页面，单击【导入】按钮，如图 5-13 所示。

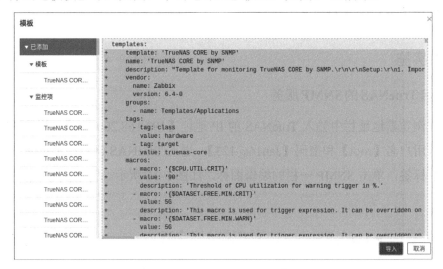

图 5-13　【模板】导入页面

（5）弹出显示【删除导入文件中不存在的所有元素？】信息的提示对话框，单击【正常】按钮，如图 5-14 所示。

图 5-14　提示对话框

 任务验证

打开【模板】页面，在【链接的模板】文本框中输入【truenas】，可以看到自动弹出的提示【TrueNAS by SNMP】，如图 5-15 所示。

图 5-15　【模板】页面

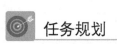
任务 5-2　监控存储设备

扫一扫，看微课

任务规划

在任务 5-1 中，管理员已经完成了 TrueNAS 监控模板的导入，在监控存储设备的过程中，如果通过自动发现功能无法正常监控到存储设备，则可以采用手动添加存储设备的方式。根据项目分析，本任务需要管理员在智能运维平台上进行配置，主要涉及以下步骤。

（1）开启 TrueNAS 的 SNMP 服务。

（2）监控 TrueNAS 主机。

任务实施

1. 开启 TrueNAS 的 SNMP 服务

（1）在浏览器地址栏中输入 TrueNAS 的 IP 地址【192.168.200.107】，并在弹出的登录页面中输入用户名【root】和密码【Jan16@123】，进入 TrueNAS 网页服务页面，单击左侧的【服务】标签，单击 SNMP 一栏的编辑图标，如图 5-16 所示。

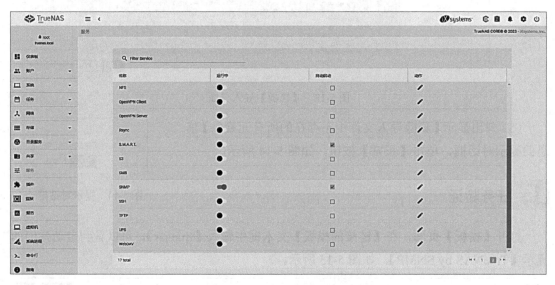

图 5-16　TrueNAS 网页服务页面

（2）弹出 TrueNAS 编辑 SNMP 的页面，在【社区】文本框中输入【jan16】，单击【保存】按钮，如图 5-17 所示。

2. 监控 TrueNAS 主机

（1）打开 Zabbix 的【添加主机】窗口，设置【主机名称】为【truenas】，【模板】为【TrueNAS by SNMP】，【主机群组】为【Databases】，单击【接口】功能框中的【添加】链接，在弹出

的下拉列表中选择【SNMP】选项，并在对应的【IP 地址】文本框中输入【192.168.200.107】，如图 5-18 所示。

图 5-17　TrueNAS 编辑 SNMP 的页面

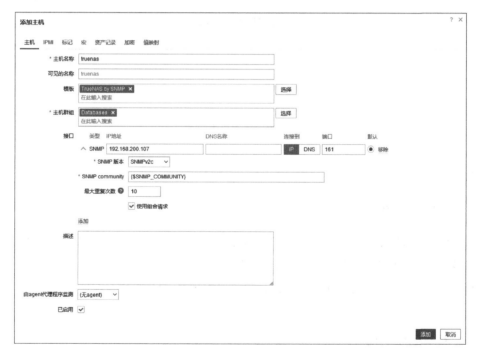

图 5-18　【添加主机】窗口（1）

（2）打开【宏】选项卡，设置【{$SNMP_COMMUNITY}】的值为【jan16】，单击【添加】按钮，如图 5-19 所示。

（3）打开 Zabbix 的【主机】页面，可以看到【truenas】主机已监控成功，如图 5-20 所示。

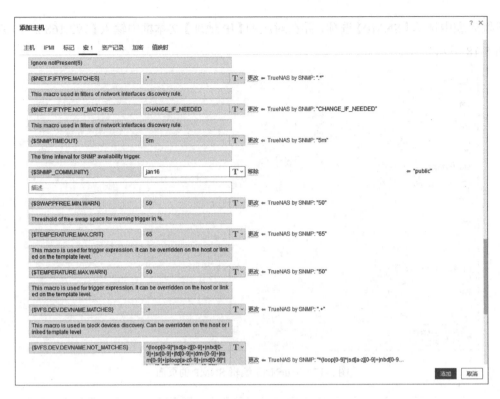

图 5-19　【添加主机】窗口（2）

图 5-20　【主机】页面

任务验证

1. 查看内存使用情况

（1）纳入监控 2 分钟后，可以在【主机】页面中单击【truenas】一行中的【仪表盘 1】链接，可以看到 TrueNAS 的内存使用情况，如图 5-21 所示。

（2）打开 TrueNAS 的【仪表板】页面，也可以看到 TrueNAS 的内存使用情况，如图 5-22 所示。

2. 查看空间使用情况

（1）在 Zabbix 的【主机】页面中，单击【truenas】一行中的【仪表盘 1】链接，之后单击【ZFS】按钮，可以看到 TrueNAS 的空间使用情况，如图 5-23 所示。

（2）打开 TrueNAS 的【报告】页面，在左上角的下拉列表中选择【分区】选项，也可以看到 TrueNAS 的空间使用情况，如图 5-24 所示。

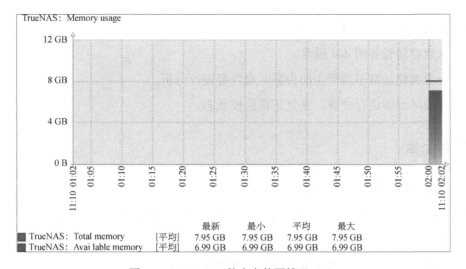

图 5-21　TrueNAS 的内存使用情况（1）

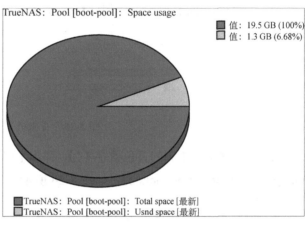

图 5-22　TrueNAS 的内存使用情况（2）　　　　图 5-23　TrueNAS 的空间使用情况（1）

图 5-24　TrueNAS 的空间使用情况（2）

任务 5-3　进行典型故障处理

扫一扫，看微课

 任务规划

　　根据项目要求，管理员需要针对被监控的存储设备模拟故障的产生和告警，并且对故障进行排查处理，主要涉及以下步骤。

（1）卸载存储设备的 da4 磁盘。

（2）查看智能运维平台产生的告警并对告警进行分析。

（3）对故障设备进行处理，恢复正常监控状态。

☢ 任务实施

1. 卸载存储设备的 da4 磁盘

TrueNAS 内置了 4 块磁盘，将这 4 块磁盘组合成 RAID-Z 卷，并卸载存储设备的 da4 磁盘。

2. 查看智能运维平台产生的告警并对告警进行分析

（1）在 Zabbix 的【主机】页面中，【truenas】主机的【可用性】列中显示红色的【SNMP】，如图 5-25 所示。

图 5-25　【主机】页面

（2）单击【问题】列的黄色数字【1】，弹出【问题】页面，可以看到问题为【TrueNAS: Pool [pool1]: Status is not online】，如图 5-26 所示。

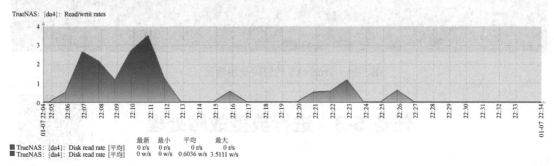

图 5-26　【问题】页面

（3）返回【主机】页面，单击【truenas】一行中的【仪表盘 1】链接，之后单击【Disks】按钮，查看 da4 磁盘的使用情况，如图 5-27 所示。

图 5-27　da4 磁盘的使用情况

（4）发现 da4 磁盘的监控数据异常，读写速度为零，表示该磁盘已经掉线或出现故障。

登录 TrueNAS 网页服务页面，在【仪表板】页面的池中查看，可以看到 da4 磁盘掉线且无法识别，如图 5-28 所示。

图 5-28　TrueNAS 的池信息

3. 对故障设备进行处理，恢复正常监控状态

（1）重新为存储设备添加一块 20GB 大小的磁盘，登录 TrueNAS 网页服务页面，单击左侧的【存储】标签，在出现的下拉列表中选择【池】选项，之后在弹出的页面中单击【pool1】一行的【设置】图标，并在弹出的下拉列表中选择【状态】选项，弹出存储池状态页面，如图 5-29 所示。

图 5-29　存储池状态页面（1）

（2）单击【/dev/gptid/2f00623a-aab2-11ee-9fdf-000c29553ebb】一行右侧的 3 个小点，在弹出的下拉列表中选择【更换】选项，弹出更换磁盘窗口，在【成员磁盘】下拉列表中选择【da4】选项，单击【更换磁盘】按钮，如图 5-30 所示。

Replacing disk /dev/gptid/2f00623a-aab2-11ee-9fdf-000c29553ebb
成员磁盘 *
da4
强制
取消
更换磁盘

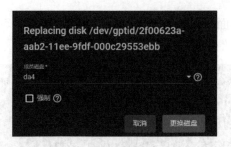

图 5-30　更换磁盘窗口

（3）弹出【正在更换磁盘】窗口，单击【关闭】按钮，如图 5-31 所示。

正在更换磁盘
Successfully replaced disk /dev/gptid/2f00623a-aab2-11ee-9fdf-000c29553ebb.
关闭

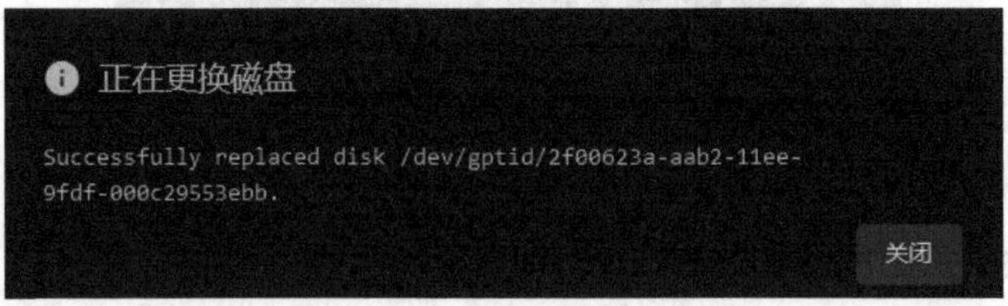

图 5-31　【正在更换磁盘】窗口

（4）返回存储池状态页面，可以看到 da4 磁盘重新上线，如图 5-32 所示。

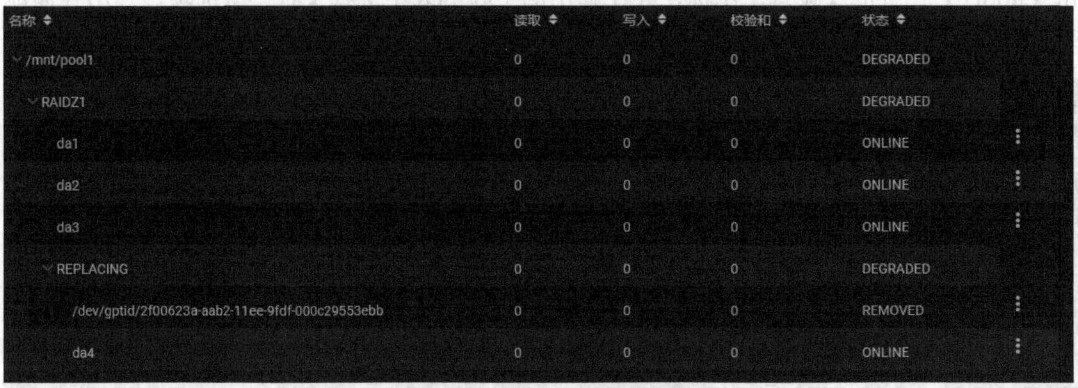

名称
读取
写入
校验和
状态
/mnt/pool1 0 0 0 DEGRADED
RAIDZ1 0 0 0 DEGRADED
da1 0 0 0 ONLINE
da2 0 0 0 ONLINE
da3 0 0 0 ONLINE
REPLACING 0 0 0 DEGRADED
/dev/gptid/2f00623a-aab2-11ee-9fdf-000c29553ebb 0 0 0 REMOVED
da4 0 0 0 ONLINE

图 5-32　存储池状态页面（2）

（5）打开 Zabbix 的【主机】页面，此时【truenas】主机的【可用性】列中显示绿色的【SNMP】，表示主机可用；【问题】列中的黄色数字【1】变为【Problems】，如图 5-33 所示。

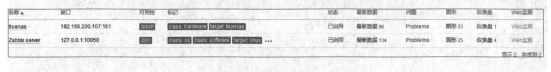

名称▲
接口
可用性
标记
状态
最新数据
问题
图形
仪表盘
Web监测
truenas 192.168.200.107:161 SNMP class: hardware target: truenas 已启用 最新数据 96 Problems 图形 23 仪表盘 1 Web监测
Zabbix server 127.0.0.1:10050 ZBX class: os class: software target: linux ... 已启用 最新数据 134 Problems 图形 25 仪表盘 4 Web监测
显示 2，共找到 2

图 5-33　【主机】页面

任务验证

（1）单击【Problems】图标，弹出【问题】页面，可以看到问题状态为【已解决】，如图 5-34 所示。

时间 ▼	严重性	恢复时间	状态	信息	主机	问题		持续时间	更新	动作	标记
22:28:50	一般严重	22:51:50	已解决		truenas	TrueNAS: Pool [pool1]: Status is not online		23m	更新	class: hardware component: health component: storage •••

显示 1, 共找到 1

图 5-34 【问题】页面

（2）返回【主机】页面，单击【truenas】一行的【仪表盘 1】链接，查看 TrueNAS 相关资源信息，发现 Zabbix 能够重新观察到数据，即磁盘读写情况，如图 5-35 所示。

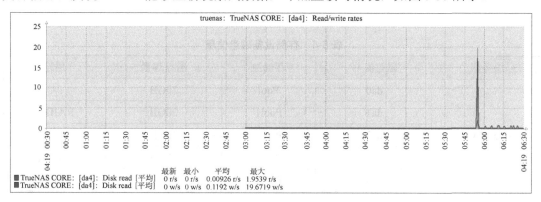

图 5-35 磁盘读写情况

项目拓展

一、理论题

1. NAS（Network Attached Storage，网络附属存储）是一种专门的（   ）存储设备。

　　A. 文件　　　　　　　　B. 数据　　　　　　　　C. 文档　　　　　　　　D. 视频

2. NAS 设备通常配备一块或（   ）磁盘，可以组织成一个磁盘阵列（RAID）以提高数据可靠性和性能。

　　A. 两块　　　　　　　　B. 三块　　　　　　　　C. 四块　　　　　　　　D. 多块

3. NAS 设备可以作为一个独立的网络节点存在，允许用户通过特定的协议（如 NFS、SMB/CIFS 等）访问和存储数据。这种存储解决方案具有的优势包括（   ）。（多选）

　　A. 集中存储　　　　　　　　　　　　B. 跨平台支持

　　C. 数据备份和恢复　　　　　　　　　D. 管理难度大

二、项目实训题

1. 实训背景

Jan16 公司新搭建了一个智能运维平台，现在希望管理员能够通过智能运维平台对公司云数据中心的存储设备进行监控，且要求管理员能够通过智能运维平台监控存储设备的基本信息、CPU 信息、磁盘信息等指标。项目拓扑如图 5-36 所示，存储设备磁盘信息如表 5-4 所示，具体要求如下。

（1）通过智能运维平台监控存储设备。

（2）模拟存储设备故障、智能运维平台告警，并对故障进行处理。

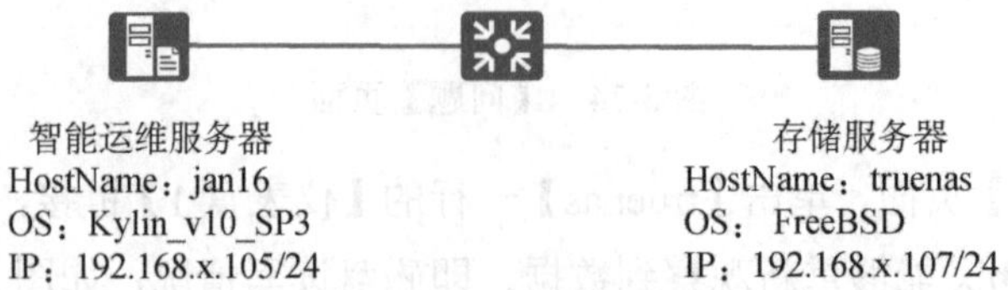

智能运维服务器
HostName：jan16
OS：Kylin_v10_SP3
IP：192.168.x.105/24

存储服务器
HostName：truenas
OS：FreeBSD
IP：192.168.x.107/24

图 5-36　项目拓扑

表 5-4　存储设备磁盘信息

服务器	磁盘编号	存储池	磁盘容量	用途
TrueNAS	da0	Pool	20GB	/
	da1	Pool1	20GB	RAID-Z
	da2	Pool1	20GB	RAID-Z
	da3	Pool1	20GB	RAID-Z
	da4	Pool1	20GB	RAID-Z

2. 实训规划

Jan16 公司的管理员已经在智能运维服务器上安装好智能运维平台，现在需要使用该平台对公司云数据中心的存储设备实施监控。管理员在 Zabbix 智能运维平台上使用 SNMP 监控存储设备时，需要合理配置监控项、SNMP 参数、数据获取方式和告警规则等参数，以确保能够实时、准确地监控存储设备的状态和性能指标。同时，管理员还需要定期进行数据备份和恢复操作，以防止数据丢失和意外情况发生，并模拟系统故障告警，进行故障排查与维护操作。

服务器基本信息如表 5-5 所示。其中，IP 地址中的 x 为短学号。

表 5-5　服务器基本信息

基本信息	系统版本	IP 地址	用户名	密码	访问方式
智能运维服务器	Kylin_v10_SP3	192.168.x.105/24	root	Jan16@123	ssh root@192.168.x.105
智能运维平台	Kylin_v10_SP3	192.168.x.105/24	Admin	zabbix	http://192.168.x.105/zabbix
存储服务器	FreeBSD	192.168.x.107/24	root	Jan16@123	https://192.168.x.107

存储设备信息如表 5-6 所示。

表 5-6　存储设备信息

设备命名	设备类型	管理 IP 地址	SNMP 版本	团体名
truenas	存储系统	192.168.x.107	v2c	名字缩写+短学号

3. 实训要求

（1）导入模板，打开【模板】页面，在【链接的模板】文本框中输入【truenas】，可以看到自动弹出的提示【TrueNAS by SNMP】。截取【模板】页面。

（2）将 TrueNAS 设备纳入监控 2 分钟后，在 Zabbix 的【主机】页面中单击【truenas】一行的【仪表盘 1】链接，可以看到 TrueNAS 的内存使用情况。截取展示 TrueNAS 内存使用情况的【Memory usage】图形页面。

（3）打开 TrueNAS 的【仪表板】页面，可以看到 TrueNAS 的内存使用情况。截取展示 TrueNAS 内存使用情况的【仪表板】页面。

（4）在 Zabbix 的【主机】页面中单击【truenas】一行的【仪表盘 1】链接，之后单击【ZFS】按钮，可以看到 TrueNAS 的空间使用情况。截取展示 TrueNAS 空间使用情况的【Space usage】图形页面。

（5）打开 TrueNAS 的【报告】页面，在左上角的下拉列表中选择【分区】选项，可以看到 TrueNAS 的空间使用情况。截取展示 TrueNAS 空间使用情况的页面。

（6）TrueNAS 内置了 4 块磁盘，将其中两块磁盘组合成镜像卷，将构成存储设备镜像卷之一的磁盘卸载，查看智能运维平台产生的告警并对告警进行分析。截取 Zabbix 的【主机】页面及告警信息。

（7）打开 TrueNAS 的【仪表板】页面，并在池中查看，可以看到磁盘无法识别。截取【仪表板】页面的池状态信息。

（8）修复故障后，单击【Problems】图标，弹出【问题】页面，可以看到问题状态为【已解决】。截取【问题】页面。

项目6 虚拟化平台监控与运维

学习目标

知识目标：

（1）理解虚拟化的概念。

（2）了解 Zabbix 监控虚拟化平台的指标。

能力目标：

（1）掌握智能运维平台监控虚拟化平台的方法。

（2）掌握典型故障的处理方法。

素养目标：

（1）熟练监控虚拟化平台的关键性能指标，树立预警意识。

（2）具备应对紧急情况的能力，能够迅速采取行动使影响最小化，树立应急响应意识。

项目描述

　　Jan16 公司的云数据中心承载了多个关键生产业务系统，管理员现在已经在智能运维服务器上安装好智能运维平台，希望通过智能运维平台对公司的 ESXi 虚拟化平台进行监控与运维，更好地掌握 ESXi 资源信息，以便发现风险和排除风险。

　　具体要求如下。

　　（1）在智能运维平台上监控虚拟化平台。

　　（2）查看虚拟化平台中的资源整体状态并处理异常设备。

　　项目拓扑如图 6-1 所示。

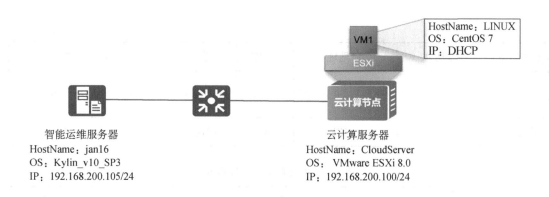

图 6-1　项目拓扑

项目分析

根据项目描述，Jan16 公司的管理员已经在智能运维服务器上安装好智能运维平台，之后在此平台的基础上进行配置，即可实现智能运维平台对虚拟化平台的监控。

因此，本项目可以通过以下工作任务来完成。

（1）创建虚拟化平台只读用户。

（2）智能运维平台监控虚拟化平台。

（3）进行典型故障处理。

项目规划

Jan16 公司的管理员已经在智能运维服务器上安装好智能运维平台，现在需要使用该平台对公司内网的虚拟化设备实施监控，模拟系统故障告警，进行故障排查与维护操作。

服务器基本信息如表 6-1 所示。虚拟化平台监控信息如表 6-2 所示。

表 6-1　服务器基本信息

基本信息	系统版本	IP 地址	用户名	密码	访问方式
智能运维 服务器	Kylin_v10_SP3	192.168.200.105/24	root	Jan16@123	ssh root@192.168.200.105
智能运维 平台	Kylin_v10_SP3	192.168.200.105/24	Admin	zabbix	http://192.168.200.105/zabbix
虚拟化 服务器	VMware ESXi 8.0	192.168.200.100/24	root	Jan16@123!	ssh root@192.168.200.100
虚拟化 平台	VMware ESXi 8.0	192.168.200.100/24	root	Jan16@123!	http://192.168.200.100

续表

基本信息	系统版本	IP 地址	用户名	密码	访问方式
虚拟化平台	VMware ESXi 8.0	192.168.200.100/24	monitor	Jan16@123!	http://192.168.200.100
虚拟机	CentOS 7	DHCP	root	Jan16@123	http://192.168.200.100

表 6-2　虚拟化平台监控信息

设备命名	UUID	关键键值	IP 地址	监控用户	密码
16184d56-137d-3c16-f1df-492ebc06d958	16184d56-137d-3c16-f1df-492ebc06d958	Config.HostAgent.plugins.solo.enableMob	192.168.200.100	monitor	Jan16@123!

相关知识

6.1　虚拟化介绍

虚拟化是一种技术，用于在一台物理服务器上运行多个虚拟机。这些虚拟机可以运行不同的操作系统和应用程序，并且可以彼此独立运行。

虚拟化可以在多个层面实现，包括硬件虚拟化、操作系统虚拟化和应用程序虚拟化。硬件虚拟化允许多个虚拟机在一台物理服务器上运行；操作系统虚拟化允许多个操作系统在一个虚拟机上运行；应用程序虚拟化允许多个应用程序在一个操作系统上运行。

虚拟化在许多领域都有广泛的应用，可以帮助企业提高灵活性、可扩展性和资源利用率，降低成本，减少能源消耗和碳排放。

6.2　ESXi 虚拟化平台介绍

ESXi 是 VMware vSphere 虚拟化平台的核心组件之一。它是一个裸金属管理程序，可直接运行在物理服务器上，用于构建云基础架构平台，并基于该平台创建和管理虚拟机。它允许企业在一个统一的平台上管理虚拟化资源，提高资源利用率和业务敏捷性，从而降低成本。

Config.HostAgent.plugins.solo.enableMob 是一个配置选项，通常用于 VMware ESXi 主

机的高级配置。这个选项可以控制是否启用 VMware ESXi 主机的高级配置功能，允许用户通过 Web 页面访问和管理 ESXi 主机的高级配置参数。管理员在启用此选项后，可以通过 ESXi 主机的 Web 页面进行更多的自定义配置和管理操作。

在 ESXi 主机的 Web 页面中，管理员通过访问 URL 地址"https://【ESXi-ip】/mob/?moid=ha-host&doPath=hardware.systemInfo"来获取 ESXi 主机的 UUID（Universally Unique Identifier，通用唯一识别码）。UUID 是用于唯一标识 ESXi 主机的字符串，对于管理和监控 ESXi 主机非常重要。

ESXi 可以应用于服务器虚拟化的场景：ESXi 允许企业在一台物理服务器上运行多个虚拟机，提高资源利用率，降低成本。

 # 6.3　Zabbix 的虚拟化监控采集

Zabbix 对虚拟化环境的监控采集主要通过以下步骤实现：首先，Zabbix 通过 vmware collectors 进程获取虚拟机数据。这些进程使用 SOAP（Simple Object Access Protocol，简单对象访问协议）从 VMware Web SDK 服务中获取必要的信息，之后对这些信息进行预处理并存储到 Zabbix Server 的共享内存中。接着，Zabbix Pollers 通过 Zabbix 简单检查 VMware 监控项来检索这些数据。

自 Zabbix 2.4.4 版本开始，收集的数据分为两种类型：VMware 配置数据和 VMware 性能数据。这两种类型的数据都由 vmware collectors 进程独立收集。因此，对于较复杂的环境，建议启用比受监控的 VMware 服务更多的收集器，以避免因检索 VMware 配置数据而延迟 VMware 性能统计信息的检索。

同时，Zabbix 也提供了对 VMware 环境的监控支持，且已经有默认模板用于对虚拟化环境进行监控。如果有需要，则 Zabbix 还可以使用发现规则自动发现 VMware 虚拟机监控程序和虚拟机，并根据预定义的主机原型创建监控它们的主机。

 # 6.4　Zabbix 监控虚拟化平台的指标

Zabbix 可以通过监控虚拟化平台的指标来实现对虚拟化环境的监控。以下是一些常见的 Zabbix 监控虚拟化平台的指标。

（1）虚拟机数量：监控虚拟化平台上运行的虚拟机数量，以了解虚拟机的规模和变化情况。

（2）CPU 使用率：监控虚拟机和宿主机的 CPU 使用率，以评估 CPU 资源的使用情况和性能瓶颈。

（3）内存使用率：监控虚拟机和宿主机的内存使用率，以确保足够的可用内存资源，并避免因内存压力而导致性能下降。

（4）磁盘使用率：监控虚拟机和宿主机的磁盘使用率，以及虚拟磁盘文件的大小和增长趋势。

（5）网络流量：监控虚拟机和宿主机的网络流量，包括入站和出站流量，以评估网络性能和带宽需求。

（6）虚拟机运行状态：监控虚拟机的运行状态，包括开机、关机、暂停和重启等。

（7）虚拟机迁移情况：监控虚拟机的迁移情况，包括迁移的数量和成功率，以评估虚拟机迁移的效率和稳定性。

（8）宿主机资源利用率：监控宿主机的资源使用情况，包括 CPU 使用率、内存使用率和磁盘使用率等，以确保宿主机的资源充足，避免过载。

以上只是一些常见的 Zabbix 监控虚拟化平台的指标，实际上，Zabbix 可以根据具体的虚拟化平台和需求进行定制化的监控配置。通过监控这些指标，管理员可以及时发现和解决虚拟化环境中存在的问题，提高系统的性能和可用性。

项目实施

任务 6-1   创建虚拟化平台只读用户

扫一扫，看微课

任务规划

Jan16 公司的管理员已经在智能运维服务器上安装好智能运维平台，并完成了网络的基础配置。根据项目分析，要监控虚拟化平台，需要先创建具有只读权限的用户，以便后续通过智能运维平台进行监控虚拟化平台的操作。

 ### 任务实施

（1）在浏览器地址栏中输入 ESXi 的 IP 地址，进入 ESXi 虚拟化平台，在左侧任务栏中单击【主机】标签，在出现的下拉列表中选择【管理】选项，弹出【管理】页面，打开【安全和用户】选项卡，并在左侧的列表框中选择【用户】选项，在右侧单击【添加用户】按钮，如图 6-2 所示。

图 6-2　ESXi 虚拟化平台的【管理】页面

（2）弹出【添加用户】窗口，在【用户名（必需）】文本框中输入【monitor】，在【描述】文本框中输入【监控】，在【密码（必需）】和【确认密码（必需）】文本框中输入【Jan16@123!】，勾选【启用 Shell 访问】复选框，单击【添加】按钮，如图 6-3 所示。

图 6-3　【添加用户】窗口

（3）进入【主机】页面，单击页面上侧的【操作】按钮，在弹出的下拉列表中选择【权限】选项，如图 6-4 所示。

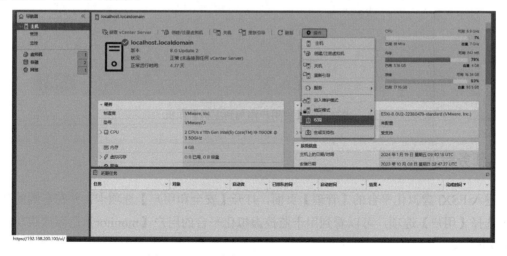

图 6-4　ESXi 虚拟化平台的【主机】页面

（4）弹出【管理权限】窗口，单击【添加用户】按钮，如图 6-5 所示。

图 6-5　ESXi 虚拟化平台的【管理权限】窗口

（5）弹出【将用户添加到主机】面板，在左侧的下拉列表中选择【monitor】选项，勾选【传播到所有子对象】复选框，单击【添加用户】按钮，如图 6-6 所示。

图 6-6　【将用户添加到主机】面板

📖 任务验证

进入 ESXi 虚拟化平台的【管理】页面，打开【安全和用户】选项卡，并在左侧的列表框中选择【用户】选项，可以看到用于监控虚拟化平台的用户【monitor】已添加成功，如图 6-7 所示。

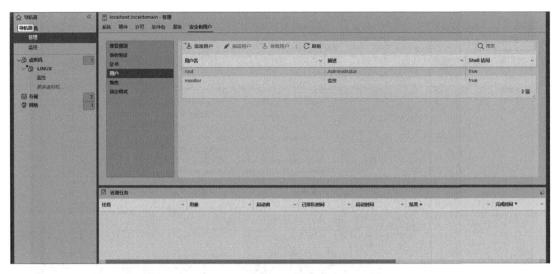

图 6-7 ESXi 虚拟化平台的【管理】页面

任务 6-2 智能运维平台监控
虚拟化平台

扫一扫，看微课

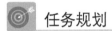 任务规划

虚拟化平台的监控用户已成功创建，接下来需要将虚拟化平台纳入智能运维平台进行管理，本任务主要涉及以下步骤。

（1）编辑配置文件。

（2）在虚拟化平台上更改关键键值。

（3）在智能运维平台上监控虚拟化平台。

任务实施

1. 编辑配置文件

Zabbix 可以通过 VMware 收集器来监控 VMware 虚拟化环境中的各种指标。在 Zabbix 服务器中使用 vim 编辑器打开/usr/local/etc/zabbix_server.conf 文件，编辑 VMware 收集器，并设置其值为 1，表示启用该收集器，代码如下。

```
[root@localhost ~]# vim /usr/local/etc/zabbix_server.conf
StartVMwareCollectors=1
```

2. 在虚拟化平台上更改关键键值

（1）进入 ESXi 虚拟化平台，在左侧任务栏中单击【主机】标签，在出现的下拉列表中选择【管理】选项，弹出【管理】页面，打开【系统】选项卡，如图 6-8 所示。

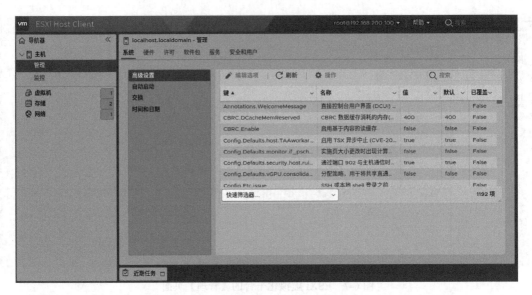

图 6-8　ESXi 虚拟化平台的【管理】页面（1）

（2）在搜索框中输入【Config.HostAgent.plugins.solo.enableMob】，单击【编辑选项】按钮，如图 6-9 所示。

图 6-9　搜索系统选项

（3）在弹出的【编辑选项】窗口中选中【True】单选按钮，单击【保存】按钮，如图 6-10所示。

（4）返回【管理】页面，可以看到【Config.HostAgent.plugins.solo.enableMob】选项的值为【true】，如图 6-11 所示。

3. 在智能运维平台上监控虚拟化平台

（1）在 Zabbix 智能运维平台的【添加主机】窗口中，在【主机名称】文本框中输入 ESXi的 UUID，设置【模板】为【VMware】，【主机群组】为【Applications】，将接口类型设置为【Agent】，并输入 IP 地址【192.168.100.200】，默认端口号为【10050】，如图 6-12 所示。

图 6-10 【编辑选项】窗口

图 6-11 ESXi 虚拟化平台的【管理】页面（2）

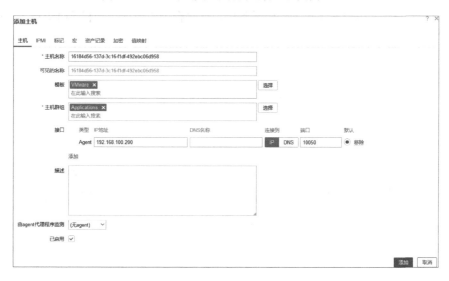

图 6-12 Zabbix 智能运维平台的【添加主机】窗口

（2）打开【宏】选项卡，单击【继承以及主机宏】按钮，在【{$VMWARE.PASSWORD}】后面的文本框中输入监控用户的密码，在【{$VMWARE.URL}】后面的文本框中输入【https://192.168.200.100/sdk】，在【{$VMWARE.USERNAME}】后面的文本框中输入监控用户名【monitor】，单击【添加】按钮（3 个宏添加完成后，选项卡名称变为【宏 3】），如图 6-13

所示。

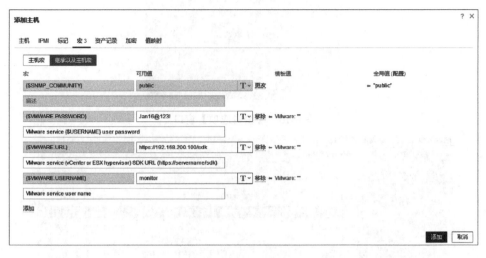

图 6-13 【宏 3】选项卡

（3）返回【主机】页面，可以看到虚拟化平台的主机列表，如图 6-14 所示。

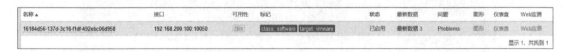

图 6-14 主机列表（1）

（4）等待 5 分钟，可以在主机列表中看到虚拟化平台中设置的虚拟机【LINUX】，如图 6-15 所示。

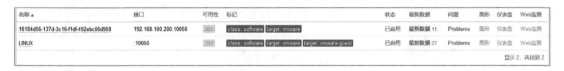

图 6-15 主机列表（2）

（5）单击【LINUX】一行中的【最新数据】链接，在弹出的窗口中单击【CPU usage in percents】选项对应的【图形】按钮，弹出【CPU usage in percents】图形页面，如图 6-16 所示。

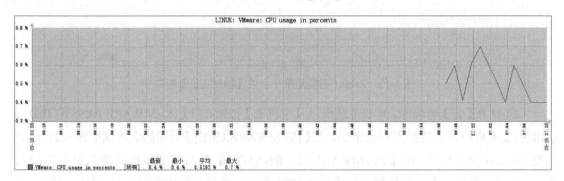

图 6-16 【CPU usage in percents】图形页面

任务验证

在 Zabbix 的【主机】页面中，可以看到 ESXi 虚拟化平台和虚拟机的主机列表，如图 6-17 所示。

名称 ▲	接口	可用性	标记			状态	最新数据	问题	图形	仪表盘	Web监测
16184d56-137d-3c16-f1df-492ebc06d958	192.168.200.100:10050	ZBX	class: software	target: vmware		已启用	最新数据 11	Problems	图形	仪表盘	Web监测
LINUX	:10050	ZBX	class: software	target: vmware	target: vmware-guest	已启用	最新数据 48	Problems	图形	仪表盘	Web监测
Zabbix server	127.0.0.1:10050	ZBX	class: os	class: software	target: linux ···	已启用	最新数据 134	Problems	图形 25	仪表盘 4	Web监测

显示 3, 共找到 3

图 6-17　主机列表

任务 6-3　进行典型故障处理

扫一扫，看微课

任务规划

在监控虚拟化平台状态时，管理员需要将状态不佳的设备修复，以恢复正常监控状态，使虚拟化平台稳定运行，保证公司业务运转不会中断，因此本任务主要涉及以下步骤。

（1）将虚拟化平台中的虚拟化设备关机，查看智能运维平台产生的告警及对告警进行分析。

（2）对故障设备进行处理，恢复正常监控状态。

任务实施

1. 将虚拟化平台中的虚拟化设备关机，查看智能运维平台产生的告警及对告警进行分析

（1）将 ESXi 虚拟化平台中的虚拟机【LINUX】关机，打开 Zabbix 的【主机】页面，可以看到【问题】列出现了表示告警的黄色数字【1】，如图 6-18 所示。

名称 ▲	接口	可用性	标记			状态	最新数据	问题	图形	仪表盘	Web监测
16184d56-137d-3c16-f1df-492ebc06d958	192.168.200.100:10050	ZBX	class: software	target: vmware		已启用	最新数据 11	Problems	图形	仪表盘	Web监测
LINUX	:10050	ZBX	class: software	target: vmware	target: vmware-guest	已启用	最新数据 56	1	图形	仪表盘	Web监测

图 6-18　Zabbix 的【主机】页面

（2）单击【问题】列的黄色数字【1】，弹出【问题】页面，可以看到问题为【VMware: VM has been restarted(uptime＜10m)】，表示 VMware 虚拟机（VM）已经被重新启动，并且从上次启动到现在的时间少于 10 分钟，如图 6-19 所示。

	时间 ▼	严重性	恢复时间	状态	信息	主机	问题		持续时间	更新	动作	标记	
☐	07:46:15	告警		问题		LINUX	VMware: VM has been restarted (uptime < 10m)		5m 55s	更新		class: software	component: system	scope: notice ···

显示 1, 共找到 1

图 6-19　【问题】页面

113

2. 对故障设备进行处理，恢复正常监控状态

重新开启虚拟机【LINUX】，在 Zabbix 的【问题】页面中单击【更新】链接，弹出【更新问题】窗口，单击【更新】按钮，如图 6-20 所示。

图 6-20　【更新问题】窗口

📖 **任务验证**

返回 Zabbix 的【问题】页面，可以看到【状态】列显示【已解决】，如图 6-21 所示。

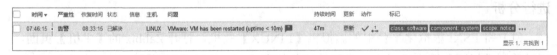

图 6-21　Zabbix 的【问题】页面

项目拓展

一、理论题

1. 虚拟化是一种技术，用于在一台物理服务器上运行（　　）虚拟机。

    A. 一个　　　　　　　B. 二个　　　　　　　C. 多个　　　　　　　D. 三个

2. ESXi 是（　　）的核心组件之一。

    A. VMware vSphere 虚拟化平台　　　　　　　　B. Windows

    C. Linux　　　　　　　　　　　　　　　　　　D. CentOS

3. 虚拟化可以在多个层面实现，包括（　　）。（多选）

    A. 硬件虚拟化　　　　　　　　　　B. 软件虚拟化

    C. 操作系统虚拟化　　　　　　　　D. 应用程序虚拟化

二、项目实训题

1. 实训背景

Jan16 公司的云数据中心承载了多个关键生产业务系统，管理员现在已经在智能运维服务器上安装好智能运维平台，希望通过智能运维平台对公司的 ESXi 虚拟化平台进行监控与运维，更好地掌握 ESXi 资源信息，以便发现风险和排除风险。

具体要求如下。

（1）在智能运维平台上监控虚拟化平台。

（2）查看虚拟化平台中的资源整体状态并处理异常设备。

项目拓扑如图 6-22 所示。

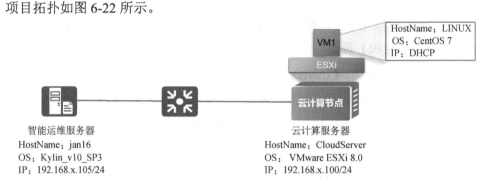

图 6-22　项目拓扑

2. 实训规划

Jan16 公司的管理员已经在智能运维服务器上安装好智能运维平台，现在需要使用该平台对公司内网的虚拟化设备实施监控，模拟系统故障告警，进行故障排查与维护操作。

服务器基本信息如表 6-3 所示。其中，IP 地址中的 x 为短学号。同时，填写虚拟化平台监控信息，如表 6-4 所示。

表 6-3　服务器基本信息

基本信息	系统版本	IP 地址	用户名	密码	访问方式
智能运维服务器	Kylin_v10_SP3	192.168.x.105/24	root	Jan16@123	ssh root@192.168.x.105
智能运维平台	Kylin_v10_SP3	192.168.x.105/24	Admin	zabbix	http://192.168.x.105/zabbix
虚拟化服务器	VMware ESXi 8.0	192.168.x.100/24	root	Jan16@123!	ssh root@192.168.x.100
虚拟化平台	VMware ESXi 8.0	192.168.x.100/24	root	Jan16@123!	http://192.168.x.100

续表

基本信息	系统版本	IP 地址	用户名	密码	访问方式
虚拟化平台	VMware ESXi 8.0	192.168.x.100/24	monitor	Jan16@123!	http://192.168.x.100
虚拟机	CentOS 7	DHCP	root	Jan16@123	http://192.168.x.100

表 6-4　虚拟化平台监控信息

设备命名	UUID	关键键值	IP 地址	监控用户	密码

3. 实训要求

（1）用于监控虚拟化平台的自定义用户名的用户添加成功后，截取【管理】页面的【安全和用户】选项卡。

（2）监控 ESXi 虚拟化平台，在【主机】页面中，可以看到 ESXi 虚拟化平台和虚拟机的主机列表。截取【主机】页面。

（3）将 ESXi 中的虚拟机【LINUX】关机，打开 Zabbix 的【主机】页面，在主机列表中可以看到【问题】列出现了表示告警的黄色数字【1】。截取【主机】页面。

（4）单击【问题】列的黄色数字【1】，弹出【问题】页面，可以看到 VMware 虚拟机（VM）已经被重新启动，并且从上次启动到现在的时间少于 10 分钟。截取【问题】页面。

（5）对故障设备进行处理，恢复正常监控状态，重新开启虚拟机【LINUX】，在 Zabbix 的【问题】页面中单击【更新】链接，弹出【更新问题】窗口，单击【更新】按钮。截取【更新问题】窗口。

（6）返回【问题】页面，可以看到【状态】列显示【已解决】。截取【问题】页面。

项目7 服务器操作系统运维（Windows）

知识目标：

（1）理解 Zabbix-agent 的作用。

（2）理解 Zabbix-agent 的工作模式。

能力目标：

（1）掌握在 Windows 操作系统中安装 agent 组件的方法。

（2）掌握查看操作系统资源的方法。

（3）掌握典型故障的处理方法。

素养目标：

（1）通过主动监控，提前发现并规避潜在风险，以减少系统故障带来的影响，树立风险规避意识。

（2）掌握 Zabbix-agent 的不同工作模式，能够根据不同环境选择最合适的监控策略，树立优化意识。

项目描述

Jan16 公司希望管理员能够通过智能运维平台对公司 Windows 操作系统等的资源实施监控，且要求管理员能够通过智能运维平台监控系统的 CPU、内存、磁盘等资源的使用情况。同时，智能运维平台能够在 Windows 操作系统资源使用率过高时出现告警提示。项目拓扑如图 7-1 所示，具体要求如下。

（1）在 Windows 操作系统中安装 agent 组件。

（2）在智能运维平台上查看资源使用情况。

（3）模拟 Windows 操作系统故障，触发智能运维监控告警并进行告警处理。

智能运维服务器
HostName：jan16
OS：Kylin_v10_SP3
IP：192.168.200.105/24

Windows 操作系统
HostName：win2022
OS：Windows Server 2022
IP：192.168.200.101/24

图 7-1　项目拓扑

项目分析

根据项目描述，Jan16 公司的管理员已经在智能运维服务器上安装好智能运维监控平台，现在需要使用该平台对公司的 Windows 操作系统安装 agent 组件并实施监控，模拟系统故障告警，进行故障排查与维护操作。

因此，本项目可以通过以下工作任务来完成。

（1）在 Windows 操作系统中安装 agent 组件。

（2）在智能运维平台上查看资源使用情况。

（3）进行典型故障处理。

项目规划

Zabbix 可以用于监控 Windows 服务器。在需要监控的 Windows 服务器上安装 Zabbix-agent，用于收集服务器的各种监控数据。在安装过程中，需要指定智能运维平台的地址，以便将监控数据发送到智能运维平台；需要合理配置监控项、主机模板和告警规则等参数，以确保能够实时、准确地监控服务器的状态和性能指标。之后，模拟系统故障告警，进行故障排查与维护操作。

服务器基本信息如表 7-1 所示。

表 7-1　服务器基本信息

基本信息	系统版本	IP 地址	用户名	密码	访问方式
智能运维服务器	Kylin_v10_SP3	192.168.200.105/24	root	Jan16@123	ssh root@192.168.200.105
智能运维平台	Kylin_v10_SP3	192.168.200.105/24	Admin	zabbix	http://192.168.200.105/zabbix
Windows 操作系统	Windows Server 2022	192.168.200.101/24	Administrator	Jan16@123	远程桌面连接

系统设备信息如表 7-2 所示。

表 7-2　系统设备信息

设备命名	操作系统	监控地址	监控端口号
win2022	Windows Server 2022	192.168.200.101	10050

相关知识

7.1　Zabbix-agent 介绍

Zabbix-agent 是一种监控代理，用于收集被监控设备和应用程序的性能指标，并将其发送给 Zabbix 服务器。Zabbix-agent 可以运行在被监控主机上，支持多种操作系统和设备。

7.2　Zabbix-agent 的工作模式

Zabbix-agent 的工作模式主要包括以下几种。

（1）被动模式（Passive）：在被动模式下，Zabbix-agent 被动地等待 Zabbix 服务器发起请求，当收到请求时，Zabbix-agent 将收集到的监控数据发送给 Zabbix 服务器。这种模式适用于被监控设备位于防火墙或安全组后面的情况，可以降低安全风险。

（2）主动模式（Active）：在主动模式下，Zabbix-agent 主动将监控数据发送给 Zabbix 服务器。这种模式适用于被监控设备可以主动向外发送数据的情况，可以提高监控数据的实时性。

（3）主动-被动模式（Active-Passive）：在这种模式下，Zabbix-agent 同时支持主动模式和被动模式。首先，Zabbix-agent 尝试使用主动模式将监控数据发送给 Zabbix 服务器，如果失败，则切换到被动模式，等待 Zabbix 服务器的请求。这种模式结合了主动模式和被动模式的优点，可以根据实际情况自动切换工作模式。

企业可以根据自己的网络环境和安全要求选择合适的工作模式。在大多数情况下，主动-被动模式可以提供最佳的监控效果和灵活性。

7.3　Windows 操作系统的重点监控指标

Windows 操作系统的重点监控指标包括以下几个。

（1）CPU 使用率：Zabbix 可以监控 Windows 服务器的 CPU 使用率，帮助管理员及时了解 CPU 的负载情况，避免因 CPU 过载而导致系统性能下降。

（2）内存使用率：Zabbix 可以监控 Windows 服务器的内存使用率，包括物理内存和虚拟内存的使用情况。当内存使用率持续过高时，可能会导致操作系统出现内存泄漏或崩溃等问题。

（3）磁盘使用率：Zabbix 可以监控 Windows 服务器的磁盘使用率，帮助管理员及时清理无用文件，避免因磁盘空间不足而导致系统运行缓慢或崩溃。

（4）网络流量：Zabbix 可以监控 Windows 服务器的网络流量，了解网络负载情况，以及网络传输速度是否正常。

（5）进程状态：Zabbix 可以监控 Windows 服务器的进程状态，包括进程的 CPU 使用率和内存使用率等，帮助管理员及时发现异常进程，避免因进程异常而导致系统崩溃或程序无响应等问题。

（6）事件日志：Zabbix 可以监控 Windows 服务器的事件日志，包括系统日志、应用程序日志等，帮助管理员及时发现系统异常事件，如系统崩溃、程序异常等，为故障排查提供重要线索。

项目实施

任务 7-1 在 Windows 操作系统中安装 agent 组件

扫一扫，看微课

任务规划

根据项目要求，管理员需要在 Windows 操作系统中下载 agent 组件安装包并执行 agent 组件的安装操作，主要涉及以下步骤。

（1）访问平台，获取并下载 agent 组件安装包。

（2）执行 agent 组件的安装操作。

 任务实施

1. 访问平台，获取并下载 agent 组件安装包

（1）在 Windows 主机中，打开浏览器，访问 Zabbix 官方网站并跳转至资源下载页面，在【Zabbix Agents】选项页面中单击【DOWNLOAD】按钮，下载适用于 Windows 操作系统的 agent 组件安装包 zabbix_agent_6.4.6-windows-amd64-openssl.msi（版本会随着时间的变化而更新），如图 7-2 所示。

（2）将下载好的 agent 组件安装包复制到 Windows 主机中新建的文件夹"C:\Zabbix"中，如图 7-3 所示。

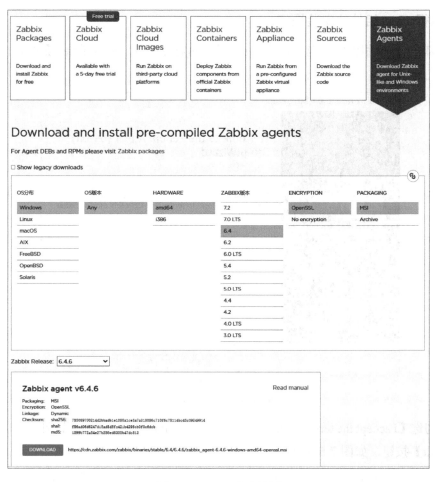

图 7-2　Zabbix 官方网站

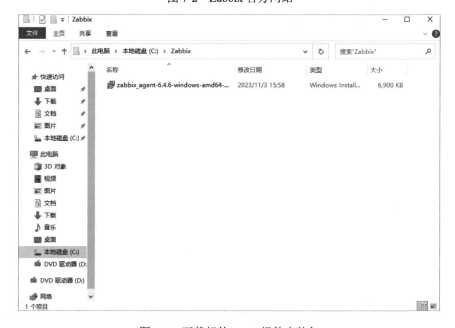

图 7-3　下载好的 agent 组件安装包

2. 执行agent组件的安装操作

（1）双击 agent 组件安装包，打开 agent 组件的安装窗口，单击【Next】按钮，如图 7-4 所示。

图 7-4　agent 组件的安装窗口

（2）勾选【I accept the terms in the License Agreement】复选框，同意许可协议中的条款，单击【Next】按钮，如图 7-5 所示。

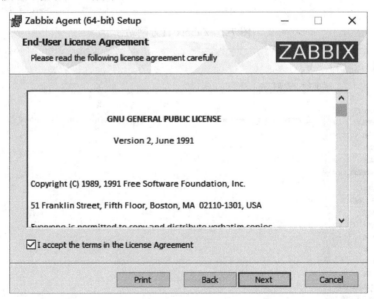

图 7-5　同意许可协议中的条款

（3）选择安装路径位为【C:\Program Files\Zabbix Agent\】，单击【Next】按钮，如图 7-6 所示。

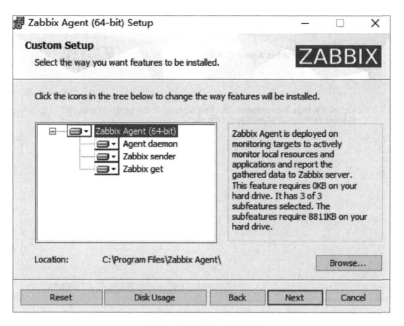

图 7-6　选择安装路径

（4）在【Zabbix server IP/DNS】与【Server or Proxy for active checks】文本框中均输入 Zabbix 服务器地址【192.168.200.105】，单击【Next】按钮，如图 7-7 所示。

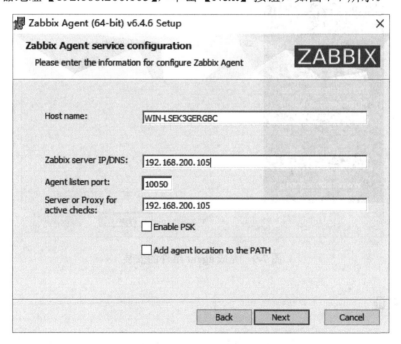

图 7-7　输入 Zabbix 服务器地址

（5）单击【Install】按钮，安装 agent 组件 Zabbix Agent（64-bit）v6.4.6，如图 7-8 所示。

（6）完成 agent 组件 Zabbix Agent（64-bit）v6.4.6 的安装，单击【Finish】按钮，如图 7-9 所示。

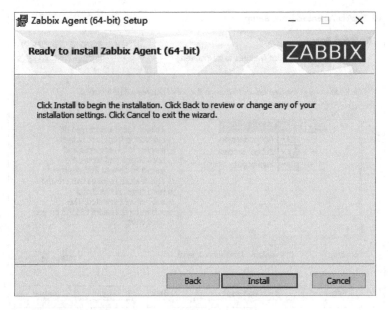

图 7-8　安装 agent 组件

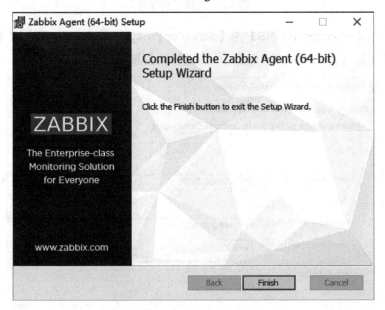

图 7-9　完成 agent 组件的安装

📖 任务验证

（1）单击 Zabbix 首页左侧的【监测】标签，在出现的下拉列表中选择【主机】选项，弹出【主机】页面，单击右上角的【创建主机】按钮，弹出【添加主机】窗口：设置【主机名称】为【win2022】，【模板】为【Windows by Zabbix agent】，【主机群组】为【Discovered hosts】；并设置接口的【类型】为【Agent】，【IP 地址】为【192.168.200.101】；单击【添加】按钮，如图 7-10 所示。

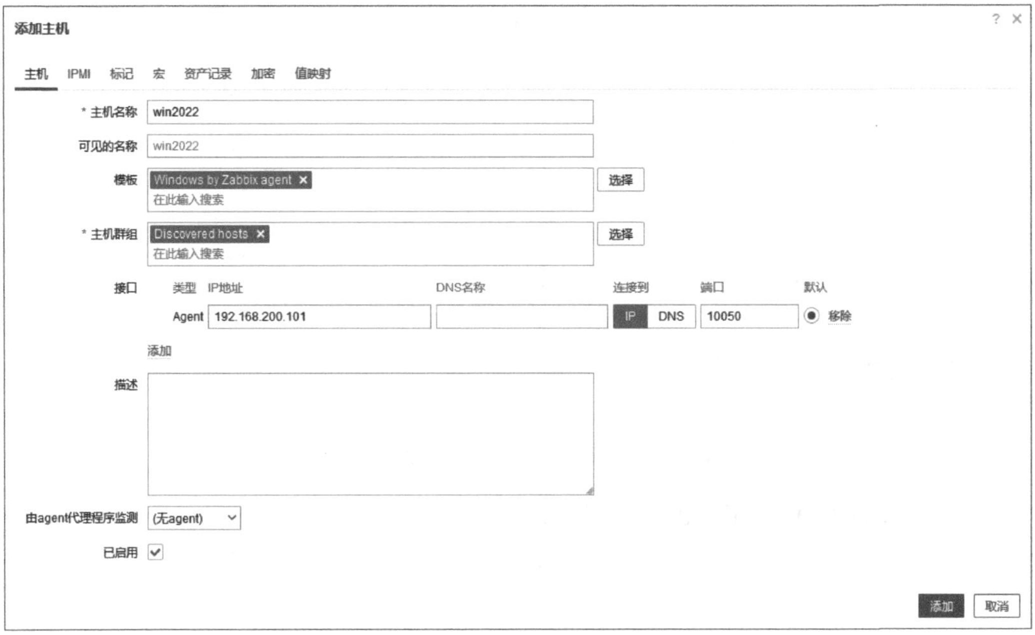

图 7-10 【添加主机】窗口

（2）返回【主机】页面，可以看到【win2022】主机已被添加，且【可用性】列中显示绿色的【ZBX】，说明 Zabbix 监控为可用状态，如图 7-11 所示。

名称 ▲	监控项	触发器	图形	自动发现	Web监测	接口	agent代理程序	模板	状态	可用性	agent 加密	信息	标记
win2022	监控项 106	触发器 73	图形 11	自动发现 4	Web监测	192.168.200.101:10050		Windows by Zabbix agent	已启用	ZBX	无		
Zabbix server	监控项 134	触发器 74	图形 25	自动发现 5	Web监测	127.0.0.1:10050		Linux by Zabbix agent, Zabbix server health	已启用	ZBX	无		

显示 2，共找到 2

图 7-11 【主机】页面

任务 7-2 在智能运维平台上查看资源使用情况

扫一扫，看微课

 任务规划

根据项目要求，管理员需要在智能运维平台上查看被监控的 Windows 操作系统的资源使用情况。

任务实施

（1）单击 Zabbix 首页左侧的【监测】标签，在出现的下拉列表中选择【主机】选项，弹出【主机】页面，单击【win2022】一行中的【图形】链接，查看 Windows 操作系统的 CPU 使用情况及内存负载信息等。该主机的 CPU 进程切换次数图表如图 7-12 所示。

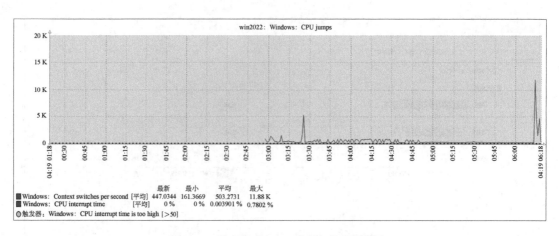

图 7-12　该主机的 CPU 进程切换次数图表

（2）该主机的 CPU 占用率图表如图 7-13 所示。

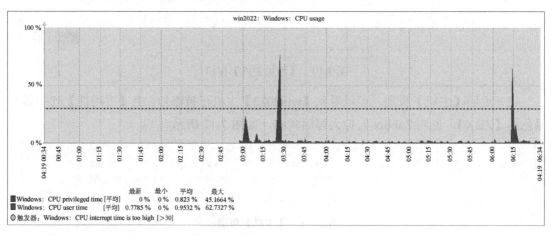

图 7-13　该主机的 CPU 占用率图表

（3）该主机的 CPU 使用率图表如图 7-14 所示。

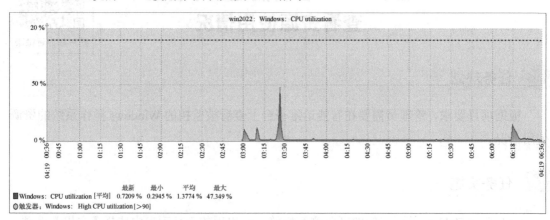

图 7-14　该主机的 CPU 使用率图表

（4）该主机的内存使用率图表如图 7-15 所示。

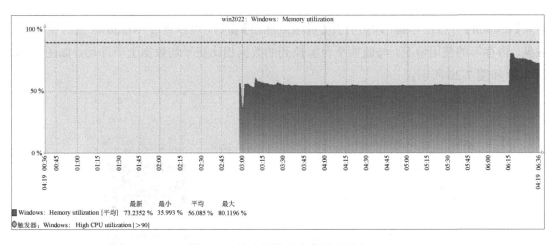

图 7-15　该主机的内存使用率图表

（5）该主机的交换内存使用信息图表如图 7-16 所示。

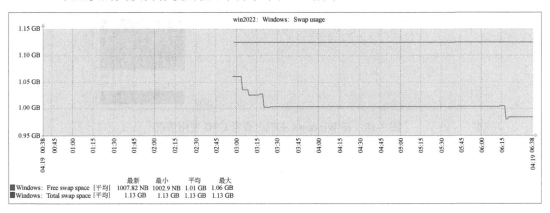

图 7-16　该主机的交换内存使用信息图表

（6）该主机的磁盘使用率图表如图 7-17 所示。

图 7-17　该主机的磁盘使用率图表

📖 **任务验证**

打开 Windows 主机，按 Windows+R 组合键，打开【运行】窗口，在【打开】文本框中输入【resmon】并按回车键,即可打开【资源监视器】窗口,可以查看 Windows 主机中 CPU、磁盘、内存等的使用情况,与监控平台监控到的数据相比在平均数据上下浮动,如图 7-18、图 7-19 和图 7-20 所示。

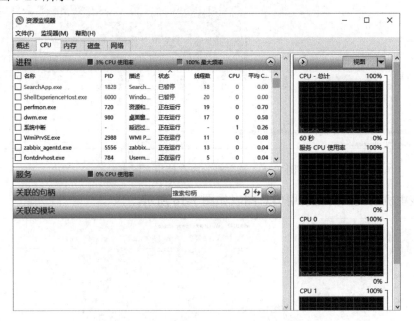

图 7-18　在 Windows 主机上查看 CPU 使用情况

图 7-19　在 Windows 主机上查看磁盘使用情况

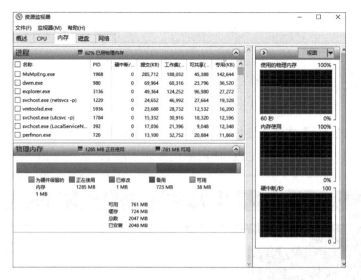

图 7-20　在 Windows 主机上查看内存使用情况

任务 7-3　进行典型故障处理

扫一扫，看微课

 任务规划

根据项目要求，管理员需要在 Windows 操作系统上模拟故障的产生和告警，并且对故障进行排查处理，主要涉及以下步骤。

（1）将 Windows 操作系统性能容量拉升到较高水平。

（2）查看智能运维平台产生的告警并对告警进行分析。

（3）对故障进行排查处理。

任务实施

1. 将 Windows 操作系统性能容量拉升到较高水平

（1）在 C:\Users\Administrator\Downloads 路径下，按照以下文本编写名称为【CPU.bat】的 CPU 计算程序的 bat 脚本，提高 CPU 使用率。

```
:: CPU压力测试
:: CPU stress test
@echo off
setlocal
set "cpu=0"
set "cpu2=0"
set "cpu3=0"
set "cpu4=0"
```

```
:loop
set /a "cpu=cpu+1"
set /a "cpu2=cpu2+1"
set /a "cpu3=cpu3+1"
set /a "cpu4=cpu4+1"
goto loop
```

（2）双击【CPU.bat】文件，连续操作 3 次，使 CPU 使用率达到较高水平，打开【任务管理器】窗口，可以看到设备的 CPU 使用率已高达 100%，如图 7-21 所示。

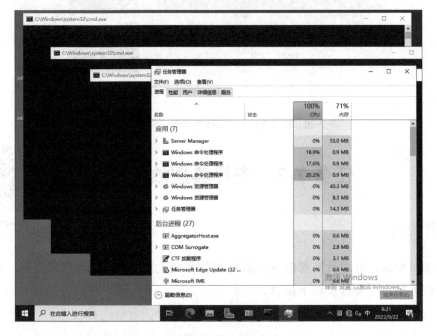

图 7-21　【任务管理器】窗口（1）

2. 查看智能运维平台产生的告警并对告警进行分析

（1）单击 Zabbix 首页左侧的【监测】标签，在出现的下拉列表中选择【主机】选项，弹出【主机】页面，可以看到【问题】列出现了表示告警的黄色数字【1】，单击黄色数字【1】，如图 7-22 所示。

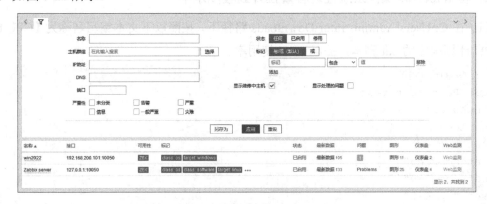

图 7-22　单击黄色数字【1】

（2）弹出【问题】页面，发现 CPU 负载过高，如图 7-23 所示。

图 7-23　【问题】页面

3. 对故障进行排查处理

打开 Windows 操作系统的【任务管理器】窗口，可以看到，CPU 使用率高达 100%，结束异常程序，如图 7-24 所示。

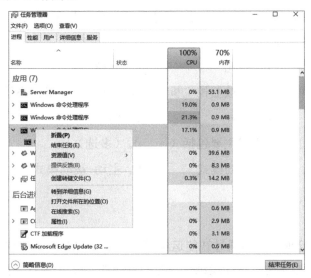

图 7-24　【任务管理器】窗口（2）

任务验证

（1）在智能运维平台上重新查看指标信息，可以在该主机的 CPU 使用率图表中查看到数据降低，如图 7-25 所示。

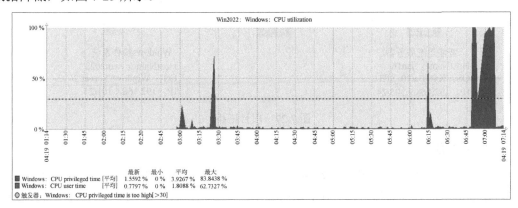

图 7-25　该主机的 CPU 使用率图表

（2）重新查看告警信息，可以看到【状态】列显示【已解决】，如图 7-26 所示。

时间▼	严重性	恢复时间	状态	信息	主机	问题	持续时间	更新	动作	标记	
03:17:18	告警	03:23:18	已解决		win2022	Windows: High CPU utilization (over 90% for 5m)	6m	更新		class: os component: cpu scope: performance	···
03:16:12	告警		问题		win2022	Windows: CPU privileged time is too high (over 30% for 5m)	7m 10s	更新		class: os component: cpu scope: performance	···

图 7-26　Zabbix 的【问题】页面

项目拓展

一、理论题

1. Zabbix-agent 是一种（　　　）代理，用于收集被监控设备和应用程序的性能指标，并将其发送给 Zabbix 服务器。

  A. 指定　　　　　　B. 委托　　　　　　C. 邀请　　　　　　D. 监控

2. Zabbix-agent 可以运行在被监控主机上，支持（　　　）操作系统和设备。

  A. 一种　　　　　　B. 多种　　　　　　C. 两种　　　　　　D. 三种

3. Zabbix-agent 的工作模式主要包括（　　　）。（多选）

  A. 被动模式　　　　B. 主动模式　　　　C. 主动-被动模式　　　　D. 自动化模式

二、项目实训题

1. 实训背景

Jan16 公司希望管理员能够通过智能运维平台对公司 Windows 操作系统等的资源实施监控，且要求管理员能够通过智能运维平台监控系统的 CPU、内存、磁盘等资源的使用情况。同时，智能运维平台能够在 Windows 操作系统资源使用率过高时出现告警提示。项目拓扑如图 7-27 所示，具体要求如下。

（1）在 Windows 操作系统中安装 agent 组件。

（2）在智能运维平台上查看资源使用情况。

（3）模拟 Windows 操作系统故障，触发智能运维监控告警并进行告警处理。

智能运维服务器
HostName：jan16
OS：Kylin_v10_SP3
IP：192.168.x.105/24

Windows操作系统
HostName：win2022
OS：Windows Server 2022
IP：192.168.x.101/24

图 7-27　项目拓扑

2. 实训规划

Zabbix 可以用于监控 Windows 服务器。在需要监控的 Windows 服务器上安装 Zabbix-agent，用于收集服务器的各种监控数据。在安装过程中，需要指定智能运维平台的地址，以便将监控数据发送到智能运维平台；需要合理配置监控项、主机模板和告警规则等参数，以确保能够实时、准确地监控服务器的状态和性能指标。之后，模拟系统故障告警，进行故障排查与维护操作。服务器基本信息如表 7-3 所示。其中，IP 地址中的 x 为短学号。

表 7-3　服务器基本信息

基本信息	系统版本	IP 地址	用户名	密码	访问方式
智能运维服务器	Kylin_v10_SP3	192.168.x.105/24	root	Jan16@123	ssh root@192.168.x.105
智能运维平台	Kylin_v10_SP3	192.168.x.105/24	Admin	zabbix	http://192.168.x.105/zabbix
Windows 操作系统	Windows Server 2022	192.168.x.101/24	Administrator	Jan16@123	远程桌面连接

系统设备信息如表 7-4 所示。

表 7-4　系统设备信息

设备命名	操作系统	监控地址	监控端口号
win2022	Windows Server 2022	192.168.x.101	10050

3. 实训要求

（1）打开 Zabbix 的【主机】页面，添加名称为【win2022】的主机，当【可用性】列中显示绿色的【ZBX】时，说明 Zabbix 监控为可用状态。截取【主机】页面。

（2）打开 Windows 主机，按 Windows+R 组合键，打开【运行】窗口，在【打开】文本框中输入【resmon】并按回车键，即可打开【资源监视器】窗口，可以查看 Windows 主机中 CPU、磁盘、内存等的使用情况，与监控平台监控到的数据相比在平均数据上下浮动。截取【资源监视器】窗口及 Zabbix 监控的相应监控图形页面。

（3）将 Windows 操作系统性能容量拉升到较高水平，编写名称为【CPU.bat】的 CPU 计算程序的 bat 脚本，提高 CPU 使用率。截取 CPU.bat 脚本内容。

（4）双击【CPU.bat】文件，连续操作 3 次，使 CPU 使用率达到较高水平，打开【任务管理器】窗口，可以看到设备的 CPU 使用率已高达 100%。截取【任务管理器】窗口。

（5）单击 Zabbix 首页左侧的【监测】标签，在出现的下拉列表中选择【主机】选项，弹出【主机】页面，可以看到【问题】列出现表示告警的黄色数字【1】。截取【主机】页面。

（6）单击【主机】页面【问题】列的黄色数字【1】，弹出【问题】页面，发现 CPU 负载过高。截取【问题】页面。

（7）打开 Windows 操作系统的【任务管理器】窗口，结束异常程序。截取【任务管理器】窗口。

（8）在智能运维平台上重新查看指标信息，可以在该主机的 CPU 使用率图表中查看到数据降低。截取该主机的 CPU 使用率图表。

（9）重新查看告警信息，可以看到【状态】列显示【已解决】。截取【主机】页面。

项目 8　服务器操作系统运维（Linux）

学习目标

知识目标：

（1）掌握 Linux 操作系统监控的基础知识。

（2）掌握 Linux 操作系统的重点监控指标。

能力目标：

（1）掌握在 Linux 操作系统上安装 Zabbix 组件的方法。

（2）掌握智能运维平台监控 Linux 操作系统的方法。

（3）掌握典型故障的处理方法。

素养目标：

（1）理解监控对保障 Linux 操作系统服务稳定性的重要性，树立系统稳定性意识。

（2）通过监控预防潜在的系统问题和安全风险，树立预防意识。

项目描述

Jan16 公司搭建了智能运维平台，公司希望管理员能够通过智能运维平台对公司 Linux 操作系统等的资源实施监控，且要求管理员能够通过智能运维平台监控系统的 CPU、内存、磁盘等资源的使用情况。同时，智能运维平台能够在 Linux 操作系统资源使用率过高时出现告警提示。项目拓扑如图 8-1 所示，具体要求如下。

（1）通过手动安装 agent 组件的方式监控 Linux 操作系统。

（2）在系统资源告警时进行维护操作。

智能运维服务器
HostName：jan16
OS：Kylin_v10_SP3
IP：192.168.200.105/24

Linux操作系统
HostName：kylin-v10
OS：Kylin_v10_SP3
IP：192.168.200.103/24

图 8-1　项目拓扑

项目分析

　　根据项目描述，Jan16 公司的管理员已经在智能运维服务器上安装好智能运维平台，现在需要使用该平台为公司的 Linux 操作系统安装 agent 组件并实施监控，模拟系统故障告警，进行故障排查与维护操作。

　　因此，本项目可以通过以下工作任务来完成。

　　（1）在 Linux 操作系统中安装 agent 组件。

　　（2）在智能运维平台上查看资源使用情况。

　　（3）进行典型故障处理。

项目规划

　　Zabbix 可以用于监控 Linux 服务器，在需要监控的 Linux 服务器上安装 Zabbix-agent，用于收集服务器的各种监控数据。在安装过程中，需要指定智能运维平台的地址，以便将监控数据发送到智能运维平台；需要合理配置监控项、主机模板和告警规则等参数，以确保能够实时、准确地监控服务器的状态和性能指标。之后，模拟系统故障告警，进行故障排查与维护操作。

　　服务器基本信息如表 8-1 所示。

表 8-1　服务器基本信息

基本信息	系统版本	IP 地址	用户名	密码	访问方式
智能运维服务器	Kylin_v10_SP3	192.168.200.105/24	root	Jan16@123	ssh root@192.168.200.105
智能运维平台	Kylin_v10_SP3	192.168.200.105/24	Admin	zabbix	http://192.168.200.105/zabbix
Linux 操作系统	Kylin_v10_SP3	192.168.200.103/24	root	Jan16@123	ssh root@192.168.200.103

　　系统设备信息如表 8-2 所示。

表 8-2　系统设备信息

设备命名	操作系统	监控地址	监控端口号
kylin-v10	Kylin_v10_SP3	192.168.200.103	10050

相关知识

8.1　Linux 操作系统监控的基础知识

1. 监控项设置

在 Zabbix 中，需要为 Linux 操作系统定义监控项，以便收集系统的各项数据。监控项包括 CPU 使用率、内存使用率、磁盘使用率等。在定义监控项时，需要指定监控项的名称、数据来源等信息，以便正确地收集和存储数据。

2. 数据收集

将 Zabbix-agent 安装在 Linux 操作系统上之后，它会定期收集系统信息，并将数据发送给 Zabbix 服务器。在数据收集过程中，Zabbix-agent 可以通过执行脚本或命令来获取特定信息，如 CPU 使用率、内存使用率等。这些数据将被 Zabbix-agent 发送给 Zabbix 服务器进行处理和存储。

3. 数据处理和存储

Zabbix 服务器接收到来自 Zabbix-agent 的数据之后，会对这些数据进行进一步的处理和存储。数据处理包括对数据的清洗、整理和分析，以便用户通过前端页面查看监控数据并生成报告。数据存储是指将数据保存到数据库中，以便后续查询和分析。

4. 告警机制

Zabbix 还提供了告警机制，可以根据监控项的值触发告警规则。例如，如果 CPU 使用率超过了某个阈值，则 Zabbix 可以发送告警信息给管理员。告警机制可以帮助系统管理员及时发现并解决问题，保证系统的正常运行。

5. 可视化页面

Zabbix 提供了前端页面，用户可以通过它查看监控数据和报告。前端页面提供了各种图表，如 CPU 使用率图表（曲线图）、内存使用率图表（饼图）等，可以帮助用户更好地了解系统的运行状态。

总之，系统管理员掌握 Linux 操作系统监控的基础知识，可以更好地维护和管理系统，及时发现并解决问题。

8.2　Linux 操作系统的重点监控指标

Linux 操作系统的重点监控指标主要分为五大类：系统类、网络类、磁盘类、内存类和处理器类。

（1）系统类指标：此类指标主要关注操作系统的各项参数，如系统负载、内存使用情况、交换分区使用情况等，可以反映整个系统的运行状况。

（2）网络类指标：此类指标主要关注网络的带宽使用情况、网络流量等，可以帮助用户了解网络状态和数据传输情况。

（3）磁盘类指标：此类指标主要关注磁盘的读写速度、磁盘使用率等，可以反映磁盘的性能及对系统性能的影响。

（4）内存类指标：此类指标主要关注内存使用情况、内存使用率等，可以反映系统的内存负载情况。

（5）处理器类指标：此类指标主要关注 CPU 的使用情况，如 CPU 使用率、CPU 繁忙时间等。

项目实施

任务 8-1　在 Linux 操作系统中安装 agent 组件

扫一扫，看微课

任务规划

根据项目要求，管理员需要在 Linux 操作系统中下载 agent 组件安装包并执行 agent 组件的安装操作，主要涉及以下步骤。

（1）访问平台，获取并下载 agent 组件安装包。

（2）执行 agent 组件的安装操作。

 任务实施

1. 访问平台，获取并下载agent组件安装包

使用 wget 命令从 Zabbix 的官方 CDN 下载稳定版本的 Zabbix 6.4.6 源码包，代码如下。

```
[root@kylin-v10 ~]# wget https://cdn.zab***.com/zabbix/sources/stable/
6.4/zabbix-6.4.6.tar.gz
  --2023-09-18 04:15:45--  https://cdn.zab***.com/zabbix/sources/stable/
6.4/zabbix-6.4.6.tar.gz
  正在解析主机cdn.zabbix.com（cdn.zabbix.com）... 104.26.6.148, 172.67.69.4,
104.26.7.148, ...
  正在连接cdn.zabbix.com（cdn.zabbix.com）|104.26.6.148|:443... 已连接。
  已发出HTTP请求，正在等待回应... 200 OK
  长度: 43744978 （42M） [application/octet-stream]
```

```
正在保存至："zabbix-6.4.6.tar.gz"

zabbix-6.4.6.tar.gz    100%[===========================>]    41.72M   1.25MB/s
用时34s

2023-09-18  04:16:20  （1.22  MB/s） - 已保存 "zabbix-6.4.6.tar.gz"
[43744978/43744978])
```

2. 执行agent组件的安装操作

（1）在 Linux 操作系统终端中执行agent组件的安装操作，解压缩 Zabbix 6.4.6 源码包并进入解压缩后的目录，之后配置 Zabbix-agent 的编译选项，代码如下。

```
[root@kylin-v10 ~]# tar -zxf zabbix-6.4.6.tar.gz ##解压缩 Zabbix 6.4.6 源
码包
[root@kylin-v10 ~]# cd zabbix-6.4.6/
[root@kylin-v10  zabbix-6.4.6]#  ./configure  --enable-agent     ## 启 用
zabbix_agent文件
checking for a BSD-compatible install... /usr/bin/install -c
checking whether build environment is sane... yes
checking for a race-free mkdir -p... /usr/bin/mkdir -p
checking for gawk... gawk
checking whether make sets $（MAKE）... yes
……省略部分内容……
*****************************************************************
*           Now run 'make install'                      *
*                                                          *
*           Thank you for using Zabbix!                  *
*           <http://www.zabbix.com>                     *
*****************************************************************

[root@kylin-v10 zabbix-6.4.6]#
[root@kylin-v10 zabbix-6.4.6]# make install  ##编译下载zabbix_agent文件
Making install in include
make[1]: 进入目录"/root/zabbix-6.4.6/include"
make[2]: 进入目录"/root/zabbix-6.4.6/include"
make[2]: 对"install-exec-am"无须做任何事。
make[2]: 对"install-data-am"无须做任何事。
make[2]: 离开目录"/root/zabbix-6.4.6/include"
make[1]: 离开目录"/root/zabbix-6.4.6/include"
Making install in src
make[1]: 进入目录"/root/zabbix-6.4.6/src"
Making install in libs
……省略部分内容……
make[2]: 进入目录"/root/zabbix-6.4.6"
```

```
make[2]: 对"install-exec-am"无须做任何事。
make[2]: 对"install-data-am"无须做任何事。
make[2]: 离开目录"/root/zabbix-6.4.6"
make[1]: 离开目录"/root/zabbix-6.4.6"
[root@kylin-v10 zabbix-6.4.6]#
```

（2）创建一个名称为 zabbix 的新用户组，同时创建一个名称为 zabbix 的新用户，用于运行 Zabbix 守护进程，代码如下。

```
[root@kylin-v10 zabbix-6.4.6]# groupadd --system zabbix
[root@kylin-v10 zabbix-6.4.6]# useradd --system -g zabbix -d /usr/lib/
zabbix -s /sbin/nologin -c "zabbix Monitoring System" zabbix
[root@kylin-v10 zabbix-6.4.6]# mkdir -m u=rwx,g=rwx,o= -p /usr/lib/zabbix
[root@kylin-v10 zabbix-6.4.6]# chown zabbix:zabbix /usr/lib/zabbix
[root@kylin-v10 zabbix-6.4.6]#
```

> **备注：**
>
> 所有的 Zabbix 守护进程都必须有一个非特权用户。当以 root 用户身份运行守护进程时，会切换为 zabbix 用户身份，这个用户是必须存在的。如果一个非特权用户启动了一个 Zabbix 守护进程，就会以这个用户身份运行该进程。

（3）修改 zabbix_agentd.conf 文件，输入 zabbix_server 服务器的 IP 地址，启用 zabbix_agentd，代码如下。

```
[root@kylin-v10 ~]# vim /usr/local/etc/zabbix_agentd.conf
Server=192.168.200.105
ServerActive=192.168.200.105
Hostname=kylin-v10
[root@kylin-v10 ~]# zabbix_agentd
```

任务验证

（1）在 Linux 操作系统终端中执行 netstat -tunlpa 命令，可以看到 10050 端口已经开启，执行代码及验证结果如下。

```
[root@kylin-v10 ~]# netstat -tunlpa | grep 10050
tcp      0    0 0.0.0.0:10050          0.0.0.0:*            LISTEN
44041/zabbix_agent
```

（2）单击 Zabbix 首页左侧的【监测】标签，在出现的下拉列表中选择【主机】选项，弹出【主机】页面，单击右上角的【创建主机】按钮，弹出【添加主机】窗口：设置【主机名称】为【kylin-v10】，【模板】为【Linux by Zabbix agent】，【主机群组】为【Linux servers】；并设置接口的【类型】为【Agent】，【IP 地址】为【192.168.200.103】；单击【添加】按钮，如图 8-2 所示。

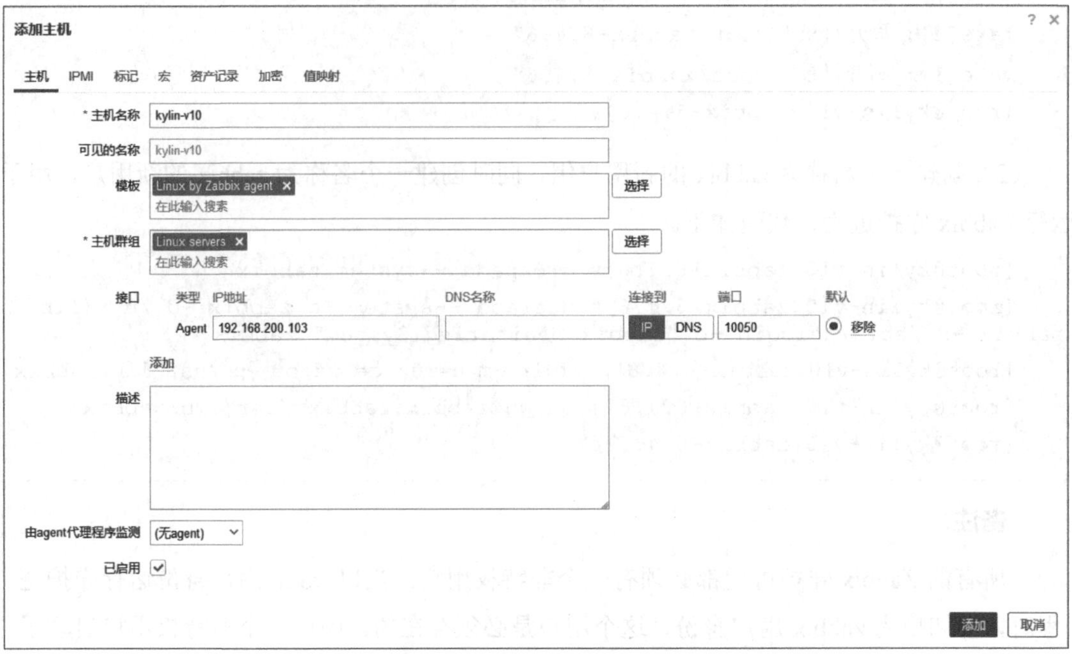

图 8-2 【添加主机】窗口

（3）返回【主机】页面，可以看到【kylin-v10】主机已被纳入 Zabbix 监控，如图 8-3 所示。

图 8-3 【主机】页面

任务 8-2 在智能运维平台上 查看资源使用情况

扫一扫，看微课

 任务规划

根据项目要求，管理员需要在智能运维平台上查看被监控的 Linux 操作系统的资源使用情况。

任务实施

（1）单击 Zabbix 首页左侧的【监测】标签，在出现的下拉列表中选择【主机】选项，弹出【主机】页面，单击【kylin-v10】一行中的【图形】链接，查看 Linux 操作系统的 CPU 使用率及负载信息。该主机的磁盘使用率图表如图 8-4 所示。

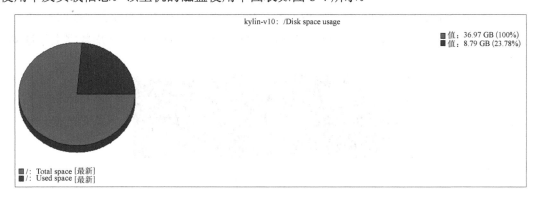

图 8-4　该主机的磁盘使用率图表

（2）该主机的网卡速率图表如图 8-5 所示。

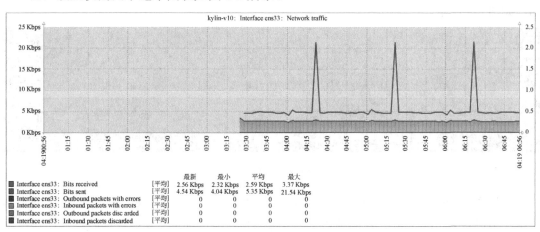

图 8-5　该主机的网卡速率图表

（3）该主机的 CPU 占用率图表如图 8-6 所示。

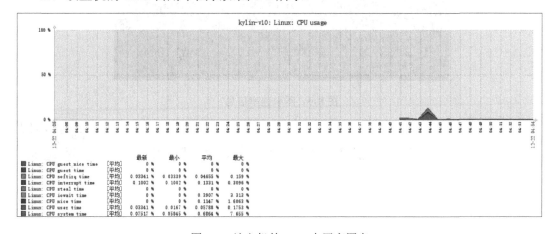

图 8-6　该主机的 CPU 占用率图表

 任务验证

（1）登录 Linux 主机，打开命令行窗口，在命令行窗口中输入【df-h】并按回车键，可以查看 Linux 主机中的磁盘信息，与智能运维平台监控到的数据相比在平均数据上下浮动，如图 8-7 所示。

图 8-7　磁盘信息

（2）登录 Linux 主机，打开命令行窗口，在命令行窗口中输入【top】并按回车键，可以查看 Linux 主机中的 CPU 信息，与智能运维平台监控到的数据相比在平均数据上下浮动，如图 8-8 所示。

```
[root@kylin-v10 ~]# top

top - 17:00:58 up 8 days, 17:03,  2 users,  load average: 0.16, 0.07, 0.02
Tasks: 211 total,   5 running, 206 sleeping,   0 stopped,   0 zombie
%Cpu(s):  5.5 us,  6.9 sy,  0.0 ni, 84.8 id,  1.6 wa,  1.1 hi,  0.2 si,  0.0 st
MiB Mem :  2883.7 total,    600.6 free,   1228.4 used,   1054.7 buff/cache
MiB Swap:  4036.0 total,   4036.0 free,      0.0 used.   1344.6 avail Mem

    PID USER      PR  NI    VIRT    RES    SHR S  %CPU  %MEM     TIME+ COMMAND
 292731 root      20   0   81.9g  64460  49736 R  11.8   2.2   0:00.36 WebKitWebProces
 292717 root      20   0   98.1g  81532  57784 S   6.6   2.8   0:00.20 yelp
 292733 root      20   0   81.7g  40880  31060 S   3.0   1.4   0:00.08 WebKitNetworkPr
   1256 root      20   0  566660  90576  44796 S   1.6   3.1   6:03.40 Xorg
 286317 root      20   0  833676  32788  26544 S   0.7   1.1   0:07.74 marco
   1689 mysql     20   0 1755048 421256  35340 S   0.3  14.3  36:53.40 mysqld
 286085 root      20   0   26252   5484   4364 S   0.3   0.2   0:09.91 dbus-daemon
```

图 8-8　CPU 信息

（3）登录 Linux 主机，打开命令行窗口，在命令行窗口中输入【ifconfig ens33】并按回车键，可以查看 Linux 主机中的网卡速率信息，与智能运维平台监控到的数据相比在平均数据上下浮动，如图 8-9 所示。

```
[root@kylin-v10 ~]# ifconfig ens33
ens33: flags=4163<UP,BROADCAST,RUNNING,MULTICAST>  mtu 1500
        inet 192.168.200.103  netmask 255.255.255.255  broadcast 0.0.0.0
        inet6 fd15:4ba5:5a2b:1008:a7ae:f0c3:ec:f602  prefixlen 64  scopeid 0x0
<global>
        inet6 fe80::6cdd:44c3:212f:6123  prefixlen 64  scopeid 0x20<link>
        ether 00:0c:29:36:c6:c9  txqueuelen 1000  (Ethernet)
        RX packets 193616  bytes 13221153 (12.6 MiB)
        RX errors 0  dropped 577  overruns 0  frame 0
        TX packets 8016  bytes 1753761 (1.6 MiB)
        TX errors 0  dropped 0 overruns 0  carrier 0  collisions 0
```

图 8-9　网卡速率信息

任务 8-3　进行典型故障处理

扫一扫，看微课

🎯 任务规划

根据项目要求，管理员需要在 Linux 操作系统上模拟故障的产生和告警，并且对故障

进行排查处理，主要涉及以下步骤。

（1）将 Linux 操作系统性能容量拉升到较高水平。

（2）查看智能运维平台产生的告警并对告警进行分析。

（3）对故障进行排查处理。

任务实施

1. 将Linux操作系统性能容量拉升到较高水平

在 Linux 主机中使用 dd 命令生成大文件，提高数据分区使用率，代码如下。

```
[root@kylin-v10 ~]# df -Th /
文件系统                    类型  容量  已用  可用  已用%  挂载点
/dev/mapper/klas-root xfs   39G   8.9G  30G   24%   /
[root@kylin-v10 ~]# dd if=/dev/zero of=/bigdata1 bs=1G count=27
记录了 27+0 的读入
记录了 27+0 的写出
28991029248 字节（29 GB，27 GiB）已复制，265.17 s，109 MB/s
[root@kylin-v10 ~]# df -Th /
文件系统                    类型  容量  已用  可用  已用%  挂载点
/dev/mapper/klas-root xfs   39G   36G   2.5G  94%   /
```

2. 查看智能运维平台产生的告警并对告警进行分析

（1）在 Zabbix 的【主机】页面中，可以看到【问题】列出现黄色数字【1】，如图 8-10 所示。

图 8-10　【主机】页面

（2）单击黄色数字【1】，弹出【问题】页面，可以看到告警原因为【Disk space is critically low(used > 90%)】，表示磁盘空间已经严重不足（磁盘使用率超过了 90%），如图 8-11 所示。

图 8-11　【问题】页面（1）

3. 对故障进行排查处理

（1）登录 Linux 主机，对数据盘/data 清理无用数据，腾出空间，代码如下。

```
[root@kylin-v10 ~]# rm -rf /bigdata1
[root@kylin-v10 ~]# df -Th /data
```

```
df: /data: 没有那个文件或目录
[root@kylin-v10 ~]# df -Th /bigdata1
df: /bigdata1: 没有那个文件或目录
[root@kylin-v10 ~]# df -Th /
文件系统                类型  容量  已用  可用 已用% 挂载点
/dev/mapper/klas-root xfs   39G   8.9G  30G   24%  /
```

（2）在 Zabbix 的【问题】页面中，可以看到【状态】列显示【已解决】，如图 8-12 所示。

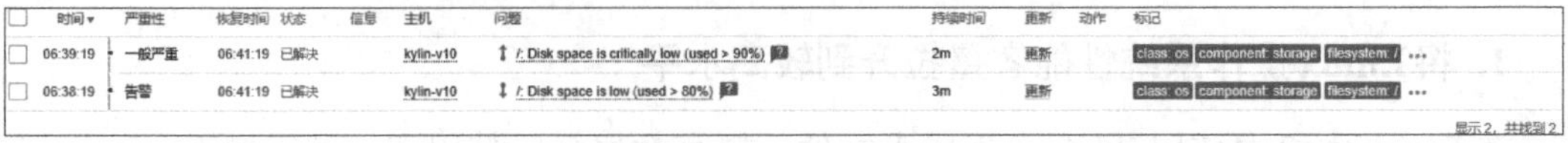

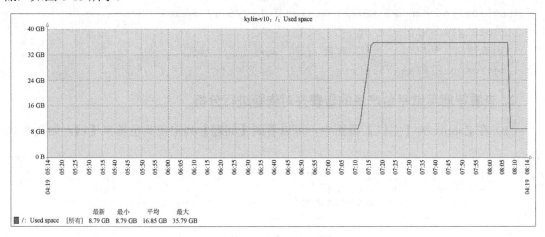

图 8-12　【问题】页面（2）

任务验证

在智能运维平台上重新查看主机数据，可以在磁盘空间使用情况图表中查看到数据降低，如图 8-13 所示。

图 8-13　磁盘空间使用情况图表

项目拓展

一、理论题

1. Linux 操作系统监控涉及的数据存储是指将数据保存到（　　　）中。

　　A. 磁盘　　　　　　B. 系统　　　　　　C. 数据库　　　　　D. 计算机

2. Linux 操作系统的重点监控指标主要分为五大类，其中包括（　　　）。（多选）

　　A. 系统类　　　　　B. 网络类　　　　　C. 磁盘类　　　　　D. 内存类

3. Linux 操作系统监控涉及的数据处理包括对数据的（　　　）。（多选）

　　A. 清洗　　　　　　B. 整理　　　　　　C. 分析　　　　　　D. 存储

二、项目实训题

1. 实训背景

Jan16 公司搭建了智能运维平台，公司希望管理员能够通过智能运维平台对公司 Linux 操作系统等的资源实施监控，且要求管理员能够通过智能运维平台监控系统的 CPU、内存、磁盘等资源的使用情况。同时，智能运维平台能够在 Linux 操作系统资源使用率过高时出现告警提示。项目拓扑如图 8-14 所示，具体要求如下。

（1）通过手动安装 agent 组件的方式监控 Linux 操作系统。

（2）在系统资源告警时进行维护操作。

智能运维服务器　　　　　　　　　　　　Linux操作系统
HostName：jan16　　　　　　　　　　　HostName：kylin-v10
OS：Kylin_v10_SP3　　　　　　　　　　OS：Kylin_v10_SP3
IP：192.168.x.105/24　　　　　　　　　IP：192.168.x.103/24

图 8-14　项目拓扑

2. 实训规划

Zabbix 可以用于监控 Linux 服务器，在需要监控的 Linux 服务器上安装 Zabbix-agent，用于收集服务器的各种监控数据。在安装过程中，需要指定智能运维平台的地址，以便将监控数据发送到智能运维平台；需要合理配置监控项、主机模板和告警规则等参数，以确保能够实时、准确地监控服务器的状态和性能指标。之后，模拟系统故障告警，进行故障排查与维护操作。

服务器基本信息如表 8-3 所示。其中，IP 地址中的 x 为短学号。

表 8-3　服务器基本信息

基本信息	系统版本	IP 地址	用户名	密码	访问方式
智能运维服务器	Kylin_v10_SP3	192.168.x.105/24	root	Jan16@123	ssh root@192.168.x.105
智能运维平台	Kylin_v10_SP3	192.168.x.105/24	Admin	zabbix	http://192.168.x.105/zabbix
Linux 操作系统	Kylin_v10_SP3	192.168.x.103/24	root	Jan16@123	ssh root@192.168.x.103

系统设备信息如表 8-4 所示。

表 8-4　系统设备信息

设备命名	操作系统	监控地址	监控端口号
kylin-v10	Kylin_v10_SP3	192.168.x.103	10050

3. 实训要求

（1）在 Linux 操作系统终端中执行 netstat -tunlpa 命令，可以看到 10050 端口已经开启。截取 netnstat -tunlp 命令的执行结果。

（2）单击 Zabbix 首页左侧的【监测】标签，在出现的下拉列表中选择【主机】选项，弹出【主机】页面，单击右上角的【创建主机】按钮，弹出【添加主机】窗口；设置【主机名称】为【kylin-v10】，【模板】为【Linux by Zabbix agent】，【主机群组】为【Linux servers】；并设置接口的【类型】为【Agent】，【IP 地址】为【192.168.x.103】；单击【添加】按钮。截取【添加主机】窗口。

（3）返回【主机】页面，可以看到【kylin-v10】主机已被纳入 Zabbix 监控。截取【主机】页面。

（4）登录 Linux 主机，打开命令行窗口，在命令行窗口中输入【top】并按回车键，可以查看 Linux 主机中的 CPU 信息，与智能运维平台监控到的数据相比在平均数据上下浮动。截取 top 命令的执行结果及 Zabbix 监控 Linux 主机的【CPU utilization】图形页面。

（5）登录 Linux 主机，打开命令行窗口，在命令行窗口中输入【ifconfig ens33】并按回车键，可以查看 Linux 主机中的网卡速率信息，与智能运维平台监控到的数据相比在平均数据上下浮动。截取【ifconfig 连接文件名称】命令的执行结果。

（6）将 Linux 操作系统性能容量拉升到较高水平。在 Linux 主机中使用 dd 命令生成大文件，提高数据分区使用率。截取 df -Th 命令、dd if=/dev/zero of=/bigdata1 bs=1G count=18 命令的执行结果。

（7）查看智能运维平台产生的告警并对告警进行分析。截取【主机】页面。

（8）在 Zabbix 的【主机】页面中，可以看到【问题】列出现黄色数字【1】。截取【主机】页面。

（9）单击黄色数字【1】，弹出【问题】页面，可以看到告警原因。截取【问题】页面。

（10）登录 Linux 主机，对数据盘/data 清理无用数据，腾出空间。截取 rm -rf 命令的执行结果。

（11）在【问题】页面中，可以看到【状态】列显示【已解决】。截取【问题】页面。

（12）在智能运维平台上重新查看主机数据，可以在磁盘空间使用情况图表中查看到数据降低。截取磁盘空间使用情况图表。

项目 9　中间件运维

项目描述

Jan16 公司现有业务系统使用了中间件，公司希望管理员能够通过智能运维平台对中间件实施资源监控，且要求管理员能够通过智能运维平台查看中间件的关键信息。同时，智能运维平台能够在中间件的状态发生异常时出现告警提示。项目拓扑如图 9-1 所示，具体要求如下。

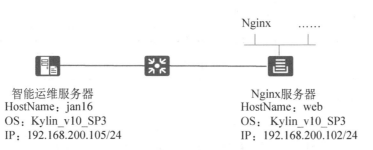

图 9-1　项目拓扑

（1）安装 Nginx 服务。

（2）配置 Nginx 服务启用状态页。

（3）通过智能运维平台获取中间件状态情况。

（4）模拟 Nginx 中间件故障并进行故障排查。

项目分析

根据项目描述，Jan16 公司的管理员已经在服务器上安装好智能运维平台，现在管理员需要使用该平台对公司的中间件资源进行配置并实施监控，模拟组件故障告警，进行故障排查与维护操作。

因此，本项目可以通过以下工作任务来完成。

（1）安装 Nginx 服务并对外发布。

（2）配置 Nginx 服务启用状态页。

（3）平台纳管中间件 Nginx。

（4）进行典型故障处理。

项目规划

Zabbix 可以用于监控各种中间件，如数据库、Web 服务器和应用服务器等。对于需要监控的中间件，应当在相应的服务器上安装 Zabbix-agent，并配置该软件以收集中间件的监控数据。

在配置过程中，需要指定智能运维平台的地址，以便将监控数据发送到智能运维平台。之后，需要合理配置监控项、主机模板和告警规则等参数，以确保能够实时、准确地监控中间件的状态和性能指标。例如，可以监控中间件的响应时间、吞吐量、连接数和错误率等关键指标。

服务器基本信息如表 9-1 所示。

表 9-1 服务器基本信息

基本信息	系统版本	IP 地址	用户名	密码	访问方式
智能运维服务器	Kylin_v10_SP3	192.168.200.105/24	root	Jan16@123	ssh root@192.168.200.105
智能运维平台	Kylin_v10_SP3	192.168.200.105/24	Admin	zabbix	http://192.168.200.105/zabbix
Nginx 服务器	Kylin_v10_SP3	192.168.200.102/24	root	Jan16@123	ssh root@192.168.200.102

系统设备信息如表 9-2 所示。

表 9-2 系统设备信息

设备命名	监控地址	软件版本	网络协议	活动端口	监控端口
web	192.168.200.102/24	nginx-1.20.2	HTTP	80	10050

9.1　中间件的概念

中间件是指位于操作系统和应用程序之间的软件层，用于提供跨平台、跨语言、跨技术的通信和交互服务。中间件可以被看作一种独立的系统软件或服务程序，用于管理和调度应用程序之间的通信和数据交换。

以 Nginx 为例，中间件的概念可以具体解释如下。

Nginx 是一个高性能的 Web 服务器和反向代理服务器，它具有轻量级、高性能、高可靠和易扩展等特点。在中间件的概念中，Nginx 可以被视为一个中间件，它位于操作系统和应用程序之间，为应用程序提供了一种高效的通信和交互方式。

Nginx 的主要功能是接收来自客户端的 HTTP 请求，并将其转发给后端服务器或应用程序。在这个过程中，Nginx 可以缓存静态文件、提供负载均衡功能，并支持多种协议和扩展模块等。它还具有高效的 I/O 多路复用功能，可以处理大量的并发请求，提高系统的性能和可靠性。

通过使用 Nginx 作为中间件，应用程序可以更加高效地处理 HTTP 请求、提供负载均衡功能、实现数据交换等。同时，Nginx 还提供了可扩展性和灵活性，使得应用程序可以根据需要进行定制和扩展。

9.2　Zabbix 的宏功能介绍

Zabbix 的宏（Macro）是一种功能，允许用户创建可以在监控项、触发器、报表等资源中替换的变量。宏可以帮助用户简化配置，提高监控项和触发器的可重用性。以下是一些宏的简单概念介绍。

（1）宏定义：在 Zabbix 中，宏以${}的形式定义。例如，用户可以定义一个名称为{$HOST.NAME}的宏，用于表示主机名。

（2）宏替换：在使用宏的地方，可以通过引用宏的名称（如${$HOST.NAME}）来替换宏的值。例如，在监控项的关键字中，可以使用宏来动态指定主机名。

（3）默认宏：Zabbix 提供了一些内置的默认宏，如 {$HOST.NAME}（主机名）、

{$HOST.IP}（主机 IP 地址）、{$HOST.METADATA_<item>}（主机元数据）等。

（4）用户宏：用户可以根据需要创建自己的宏。在创建宏时，需要指定宏的名称和值。值可以是文本、数字或表达式。

（5）宏解析：Zabbix 在解析宏时，会按照定义的顺序依次替换宏值。用户可以控制宏解析的顺序，以便在需要时覆盖默认宏。

9.3　宏示例

（1）触发器阈值：在触发器的表达式中，可以使用宏来动态指定阈值。例如，创建一个名称为{$USER_DEFINED_THRESHOLD}的宏，用于表示用户定义的阈值。

（2）报表标题：在报表标题中，可以使用宏来动态指定标题内容。例如，使用宏{$HOST.NAME}来表示主机名。

通过使用 Zabbix 宏功能，用户可以简化配置，提高监控项和触发器的可重用性，并降低维护成本。

9.4　Zabbix 的 Nginx 监控采集

Zabbix 监控 Nginx 主要通过主动获取 Nginx 的性能状态数据来实现。首先，需要确保被监控的 Nginx 已配置 ngx_status 模块。这个模块能够向外界展示 Nginx 的运行状态，以供 Zabbix 进行数据采集。

在 nginx.conf 配置文件中启用 status 状态后，Zabbix 就可以通过访问 http://your_Nginx_server/status 来获取 Nginx 的状态信息。这些信息包括但不限于 Nginx 进程数、已启动时间、CPU 使用率、内存使用量、连接数等。

为了更有效地利用这些数据，Zabbix 会结合 awk 等工具对获取的状态数据进行进一步分析和处理。这样，运维人员就可以在 Zabbix 的页面中直观地查看和管理多个 Nginx 服务器的状态和指标了。

总的来说，Zabbix 监控 Nginx 的原理就是通过定期获取和分析 Nginx 的性能状态数据，及时发现并解决可能存在的问题。

项目实施

任务 9-1 安装 Nginx 服务并对外发布

扫一扫，看微课

任务规划

根据项目分析，管理员需要在 Linux 操作系统中安装 Nginx 服务并对外发布。除此之外，管理员还需要确保智能运维平台所在服务器与操作系统的网络策略互通。本任务主要涉及以下步骤。

（1）安装 Nginx 服务。

（2）使用 Nginx 对外发布服务。

（3）测试平台，连通 Nginx 服务端口。

任务实施

1. 安装 Nginx 服务

（1）使用 curl 命令下载 Nginx 编译包，代码如下。

```
[root@web ~]# curl -O 'http://ng***.org/download/nginx-1.20.2.tar.gz'
  % Total    % Received % Xferd  Average Speed   Time    Time     Time  Current
                                 Dload  Upload   Total   Spent    Left  Speed
100 1037k  100 1037k    0     0   286k      0  0:00:03  0:00:03 --:--:--  286k
```

（2）使用 tar 命令解压缩 Nginx 编译包后，进入该目录并编译安装 Nginx，代码如下。

```
[root@web ~]# tar -xf nginx-1.20.2.tar.gz
[root@web ~]# cd nginx-1.20.2/
[root@web nginx-1.20.2]# ls
auto CHANGES CHANGES.ru conf configure contrib html LICENSE man
README src
[root@web nginx-1.20.2]# ./configure --prefix=/usr/local/nginx --with-
http_stub_status_module
checking for OS
 + Linux 4.19.90-52.22.v2207.ky10.x86_64 x86_64
checking for C compiler ... found
 + using GNU C compiler
 + gcc version: 7.3.0 （GCC）
checking for gcc -pipe switch ... found
checking for -Wl,-E switch ... found
checking for gcc builtin atomic operations ... found
checking for C99 variadic macros ... found
```

```
checking for gcc variadic macros ... found
checking for gcc builtin 64 bit byteswap ... found
checking for unistd.h ... found
checking for inttypes.h ... found
checking for limits.h ... found
checking for sys/filio.h ... not found
checking for sys/param.h ... found
checking for sys/mount.h ... found
......
  nginx http client request body temporary files: "client_body_temp"
  nginx http proxy temporary files: "proxy_temp"
  nginx http fastcgi temporary files: "fastcgi_temp"
  nginx http uwsgi temporary files: "uwsgi_temp"
  nginx http scgi temporary files: "scgi_temp"

[root@web nginx-1.20.2]#
```

（3）编译 Nginx 的命令。make 命令是一个工具，用于自动构建程序。-j8 是一个选项，表示同时运行 8 个编译任务，这样可以加速编译过程。下面尝试以 8 个任务并行的方式编译 Nginx，如果编译成功，则进行安装，代码如下。

```
[root@web nginx-1.20.2]# make -j8 && make install
make -f objs/Makefile
make[1]: 进入目录"/root/nginx-1.20.2"
cc -c -pipe  -O -W -Wall -Wpointer-arith -Wno-unused-parameter -Werror
-g -I src/core -I src/event -I src/event/modules -I src/os/unix -I objs \
    -o objs/src/core/nginx.o \
    src/core/nginx.c
cc -c -pipe  -O -W -Wall -Wpointer-arith -Wno-unused-parameter -Werror
-g -I src/core -I src/event -I src/event/modules -I src/os/unix -I objs \
......
    || mkdir -p '/usr/local/nginx/logs'
test -d '/usr/local/nginx/html' \
    || cp -R html '/usr/local/nginx'
test -d '/usr/local/nginx/logs' \
    || mkdir -p '/usr/local/nginx/logs'
make[1]: 离开目录"/root/nginx-1.20.2"
```

（4）使用 nginx -t 命令检查 Nginx 服务，代码如下。

```
[root@web ~]# /usr/local/nginx/sbin/ nginx -t
nginx: the configuration file /usr/local/nginx/conf/nginx.conf syntax is ok
nginx: configuration file /usr/local/nginx/conf/nginx.conf test is successful
```

2. 使用 Nginx 对外发布服务

（1）切换到 Nginx 所在目录，编辑 Nginx 服务页面文件，代码如下。

```
[root@web ~]# cd /usr/local/nginx/html/
[root@web html]# cp index.html index.html.bak
[root@web html]# vim index.html

<!DOCTYPE html>
<html>
<head>
<title> Welcome to Nginx!</title>
<style>
    body {
        width: 35em;
        margin: 0 auto;
        font-family: Tahoma, Verdana, Arial, sans-serif;
    }
</style>
</head>
<body>
<h1>Hello Jan16!</h1>
<p>If you see this page, the nginx web server is successfully installed and
working. Further configuration is required.</p>

<p>For online documentation and support please refer to
<a href="http://ng***.org/">nginx.org</a>.<br/>
Commercial support is available at
<a href="http://ng***.com/">nginx.com</a>.</p>

<p><em>Thank you for using Nginx.</em></p>
</body>
</html>
```

（2）启动 Nginx 服务，并在防火墙上开放 80 端口，代码如下。

```
[root@web html]# /usr/local/nginx/sbin/nginx
[root@web html]# firewall-cmd --add-port=80/tcp
success
```

3. 测试平台，连通Nginx服务端口

（1）使用 nmap 命令扫描 Nginx 服务端口，可以看到 80 端口已开放，代码如下。

```
[root@web ~]# nmap -p80 192.168.200.102
Starting Nmap 7.92 ( https://n***.org ) at 2023-09-25 02:47 CST
Nmap scan report for 192.168.200.102
Host is up (0.00014s latency).

PORT   STATE SERVICE
80/tcp open  http
```

```
Nmap done: 1 IP address (1 host up) scanned in 0.24 seconds
```

（2）使用 curl 命令可以查看 Nginx 服务页面的内容，代码如下。

```
[root@web ~]# curl 192.168.200.102
<!DOCTYPE html>
<html>
<head>
<title>Welcome to Nginx!</title>
<style>
    body {
        width: 35em;
        margin: 0 auto;
        font-family: Tahoma, Verdana, Arial, sans-serif;
    }
</style>
</head>
<body>
<h1>Hellow Jan16!</h1>
<p>If you see this page, the nginx web server is successfully installed and
working. Further configuration is required.</p>

<p>For online documentation and support please refer to
<a href="http://ng***.org/">nginx.org</a>.<br/>
Commercial support is available at
<a href="http://ng***.com/">nginx.com</a>.</p>

<p><em>Thank you for using Nginx.</em></p>
</body>
</html>
```

📖 任务验证

（1）使用 yum 命令安装 elinks 服务，用于访问 Nginx 服务页面，执行代码及验证结果如下。

```
[root@web ~]# yum install elinks
上次元数据过期检查：0:59:06前，执行于2023年09月25日 星期一01时49分23秒。
Detection of Platform Module failed: No valid Platform ID detected
模块依赖问题

 问题1: conflicting requests
  - nothing provides module (platform:el8) needed by module
httpd:2.4:8080020230131213244:fd72936b-0.x86_64
```

问题2：conflicting requests

 - nothing provides module (platform:el8) needed by module nginx:1.14:8000020211221191913:55190bc5-0.x86_64

问题3：conflicting requests

 - nothing provides module (platform:el8) needed by module php:7.4:8070020220804152218:afd00e68-0.x86_64

依赖关系解决。

==

====================================

 ……省略部分内容……

已安装：
  elinks-0.12-1.ky10.x86_64

完毕！
[root@web ~]# elinks 192.168.200.102

（2）使用 elinks 命令访问 Nginx 服务页面，如图 9-2 所示。

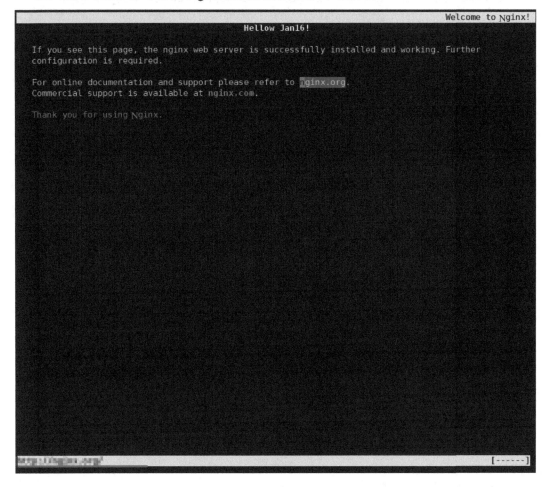

图 9-2　Nginx 服务页面访问成功

155

任务 9-2　配置 Nginx 服务启用状态页

扫一扫，看微课

 任务规划

根据项目分析，管理员需要对已经安装的 Nginx 服务进行启用状态页配置，以便平台进行监控，主要涉及以下步骤。

（1）修改 Nginx 配置文件。

（2）重启 Nginx 服务。

任务实施

1. 修改 Nginx 配置文件

修改 Nginx 配置文件，新增状态页，代码如下。

```
[root@web ~]# vim /usr/local/nginx/conf/nginx.conf
    server {
......
        listen       80;
        server_name  localhost;

        #charset koi8-r;

        #access_log  logs/host.access.log  main;

        location / {
            root   html;
            index  index.html index.htm;
        }

        location /ngx_status
    {
    stub_status on;
    access_log off;
}
......
```

2. 重启 Nginx 服务

重启 Nginx 服务，使得状态页配置生效，代码如下。

```
[root@web ~]# pkill nginx
[root@web ~]# /usr/local/nginx/sbin/nginx
```

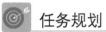 **任务验证**

使用 curl 命令访问状态页，执行代码及验证结果如下。

```
[root@web ~]# curl 192.168.200.102/ngx_status
Active connections: 1
server accepts handled requests
 1 1 1
Reading: 0 Writing: 1 Waiting: 0
```

任务 9-3 平台纳管中间件 Nginx

扫一扫，看微课

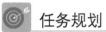 **任务规划**

根据项目分析，当 Nginx 服务启用状态页，并且智能运维服务器可以正常访问状态页时，管理员可以通过智能运维平台页面添加 Nginx 监控，实现中间件监控。本任务主要涉及以下步骤。

（1）安装 Zabbix-agent。

（2）添加 Nginx 中间件监控。

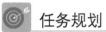 **任务实施**

1. 安装 Zabbix-agent

（1）在 Web 服务器上使用 wget 命令从 Zabbix 的官方 CDN 下载稳定版本的 Zabbix 6.4.6 源码包，代码如下。

```
 [root@web ~]# wget https://cdn.zab***.com/zabbix/sources/stable/6.4/
zabbix-6.4.6.tar.gz
  --2023-09-18 04:15:45--  https://cdn.zab***.com/zabbix/sources/stable/
6.4/zabbix-6.4.6.tar.gz
  正在解析主机cdn.zabbix.com (cdn.zabbix.com)... 104.26.6.148, 172.67.69.4,
104.26.7.148, ...
  正在连接cdn.zabbix.com (cdn.zabbix.com)|104.26.6.148|:443... 已连接。
  已发出HTTP请求，正在等待回应... 200 OK
  长度: 43744978 (42M) [application/octet-stream]
  正在保存至: "zabbix-6.4.6.tar.gz"

  zabbix-6.4.6.tar.gz    100%[===========================>]  41.72M  1.25MB/s
用时34s

  2023-09-18  04:16:20  (1.22  MB/s)  -  已保存  "zabbix-6.4.6.tar.gz"
[43744978/43744978]
```

（2）将下载好的 Zabbix 6.4.6 源码包解压缩，启用并编译下载 zabbix_agent 文件，代码如下。

```
[root@web ~]# tar -zxf zabbix-6.4.6.tar.gz  ##解压缩 Zabbix 6.4.6 源码包
[root@web ~]# cd zabbix-6.4.6/
[root@web zabbix-6.4.6]# ./configure --enable-agent  ##启用 zabbix_agent
文件
checking for a BSD-compatible install... /usr/bin/install -c
checking whether build environment is sane... yes
checking for a race-free mkdir -p... /usr/bin/mkdir -p
checking for gawk... gawk
checking whether make sets $ (MAKE)... yes
……省略部分内容……
************************************************************
*           Now run 'make install'                   *
*                                                    *
*           Thank you for using Zabbix!              *
*             <http://www.zab***.com>                *
************************************************************

[root@web zabbix-6.4.6]#
[root@web zabbix-6.4.6]# make install  ##编译下载 zabbix_agent 文件
Making install in include
make[1]: 进入目录"/root/zabbix-6.4.6/include"
make[2]: 进入目录"/root/zabbix-6.4.6/include"
make[2]: 对"install-exec-am"无须做任何事。
make[2]: 对"install-data-am"无须做任何事。
make[2]: 离开目录"/root/zabbix-6.4.6/include"
make[1]: 离开目录"/root/zabbix-6.4.6/include"
Making install in src
make[1]: 进入目录"/root/zabbix-6.4.6/src"
Making install in libs
……省略部分内容……
make[2]: 进入目录"/root/zabbix-6.4.6"
make[2]: 对"install-exec-am"无须做任何事。
make[2]: 对"install-data-am"无须做任何事。
make[2]: 离开目录"/root/zabbix-6.4.6"
make[1]: 离开目录"/root/zabbix-6.4.6"
```

（3）创建一个名称为 zabbix 的新用户组，同时创建一个名称为 zabbix 的新用户，用于运行 Zabbix 守护进程，代码如下。

```
[root@web zabbix-6.4.6]# groupadd --system zabbix
[root@web zabbix-6.4.6]# useradd --system -g zabbix -d /usr/lib/zabbix
-s /sbin/nologin -c "zabbix Monitoring System" zabbix
```

```
[root@web zabbix-6.4.6]# mkdir -m u=rwx,g=rwx,o= -p /usr/lib/zabbix
[root@web zabbix-6.4.6]# chown zabbix:zabbix /usr/lib/zabbix
[root@web zabbix-6.4.6]#
```

（4）修改 zabbix_agentd.conf 文件，输入智能运维服务器的 IP 地址，启用 zabbix_agentd，代码如下。

```
[root@web ~]# vim /usr/local/etc/zabbix_agentd.conf
Server=192.168.200.105
ServerActive=192.168.200.105
Hostname=web
[root@web ~]# zabbix_agentd
```

（5）执行 netstat -tunlpa 命令，可以看到 10050 端口已经开启，代码如下。

```
[root@web ~]# netstat -tunlpa | grep 10050
tcp        0      0 0.0.0.0:10050           0.0.0.0:*               LISTEN
44041/zabbix_agent
```

2. 添加 Nginx 中间件监控

（1）在【添加主机】窗口中，设置【主机名称】为【web】，【模板】为【Nginx by Zabbix agent】，【主机群组】为【Linux servers】；并设置接口的【类型】为【Agent】，【IP 地址】为【192.168.200.102】；【端口】默认为【10050】，如图 9-3 所示。

图 9-3　【添加主机】窗口（1）

（2）选择【宏 1】选项卡，输入宏的名称【{$NGINX.STUB_STATUS.PATH}】和值【ngx_status】，单击【更新】按钮，如图 9-4 所示。

（3）返回【主机】页面，可以看到【web】主机已被纳入 Zabbix 监控，如图 9-5 所示。

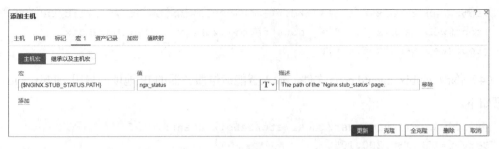

图 9-4 【添加主机】窗口（2）

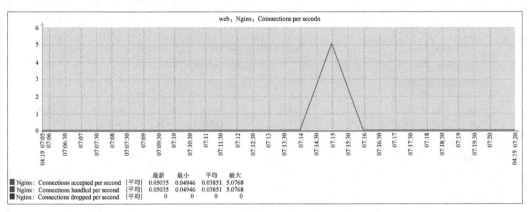

图 9-5 【主机】页面

📖 **任务验证**

（1）使用 for 循环模拟用户频繁访问 192.168.200.102 页面的操作，执行代码及验证结果如下。

```
[root@zabbix ~]# for i in {1..300}; do curl 192.168.200.102 >/dev/null 2>&1; done
```

（2）单击 Zabbix 首页左侧的【监测】标签，在出现的下拉列表中选择【主机】选项，弹出【主机】页面，单击【web】一行中的【图形】链接，可以看到 Nginx 服务器的每秒连接数指标有明显上升的情况，如图 9-6 所示。

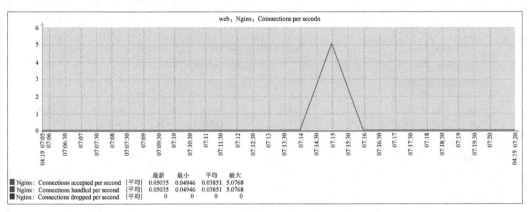

图 9-6 Nginx 服务器的每秒连接数指标

任务 9-4 进行典型故障处理

🎯 **任务规划**

根据项目分析，管理员需要针对已监控的 Nginx 中间件模拟故障的产生和告警，并且对故障进行排查处理，主要涉及以下步骤。

（1）关闭网站服务。

（2）查看智能运维平台产生的告警并对告警进行分析。

（3）对故障进行排查处理。

任务实施

1. 关闭网站服务

使用 pkill nginx 命令关闭网站服务。

```
[root@web ~]# pkill nginx
[root@web ~]# netstat -tunpl | grep nginx
```

2. 查看智能运维平台产生的告警并对告警进行分析

（1）在 Zabbix 的【主机】页面中，可以看到【问题】列出现红色数字【1】，如图 9-7 所示。

名称 ▲	接口	可用性	标记	状态	最新数据	问题	图形	仪表盘
web	192.168.200.102:10050	ZBX	class: software target: nginx	已启用	最新数据 20	1	图形 4	仪表盘 1

图 9-7 【主机】页面

（2）单击红色数字【1】，弹出【问题】页面，可以看到告警原因为【Nginx:Process is not running】，表示 Nginx 不在运行中，如图 9-8 所示。

	时间 ▼	严重性	恢复时间	状态	信息	主机	问题	持续时间	更新	动作	标记
	07:22:57	严重		问题		web	Nginx: Process is not running	8m 53s	更新		class: software component: system scope: availability

图 9-8 【问题】页面

3. 对故障进行排查处理

（1）在浏览器中通过服务器 IP 地址访问 Nginx 服务页面，发现页面无法访问，如图 9-9 所示。

图 9-9 页面无法访问

（2）在智能运维服务器上对 Nginx 所在服务器的 80 端口进行连通性测试，显示该端口状态为"关闭"，代码如下。

```
[root@zabbix ~]# nmap -p80 192.168.200.102
Starting Nmap 7.92 ( https://n***.org ) at 2023-09-25 05:30 CST
Nmap scan report for 192.168.200.102
Host is up (0.000081s latency).


PORT   STATE  SERVICE
80/tcp closed http


Nmap done: 1 IP address (1 host up) scanned in 0.15 seconds
```

（3）登录 Nginx 服务器，查看端口开启情况，确认 80 端口未开启，代码如下。

```
[root@web ~]# netstat -tunpl | grep Nginx
```

（4）确认 Nginx 服务关闭后，重新开启 Nginx 服务，代码如下。

```
[root@web sbin]# ./nginx
[root@web sbin]# nmap -p80 192.168.200.102
Starting Nmap 7.92 ( https://nmap.org ) at 2023-09-25 05:36 CST
Nmap scan report for 192.168.200.102
Host is up (0.000047s latency).


PORT   STATE SERVICE
80/tcp open  http


Nmap done: 1 IP address (1 host up) scanned in 0.10 seconds
[root@web sbin]# netstat -tunpl | grep 80
tcp   0   0 0.0.0.0:80     0.0.0.0:*      LISTEN   13322/nginx: master
udp   0   0 0.0.0.0:68     0.0.0.0:*               2802/dhclient
[root@web sbin]# netstat -tunpl | grep nginx
tcp   0   0 0.0.0.0:80     0.0.0.0:*      LISTEN   13322/nginx: master
[root@web sbin]#
```

📖 任务验证

（1）在【问题】页面中，可以看到【状态】列显示【已解决】，如图 9-10 所示。

时间 ▾	严重性	恢复时间	状态	信息	主机	问题	持续时间	更新	动作	标记
08:14:57	严重	08:17:57	已解决		web	Nginx: Process is not running	3m	更新	✓ ↲	class: software component: system scope: availability •••

图 9-10　【问题】页面

（2）在浏览器中重新访问 Nginx 服务页面，发现页面恢复正常，如图 9-11 所示。

Hello Jan16!!

If you see this page, the nginx web server is successfully installed and working. Further configuration is required.

For online documentation and support please refer to nginx.org. Commercial support is available at nginx.com.

Thank you for using nginx.

图 9-11　页面恢复正常

项目拓展

一、理论题

1. 中间件是指位于操作系统和应用程序之间的（　　）。

　　A. 软件层　　　　　　B. 表示层　　　　　　C. 传输层　　　　　　D. 网络层

2. Zabbix 监控 Nginx 主要通过主动获取（　　）的性能状态数据来实现。

　　A. Nginx　　　　　　B. MySQL　　　　　　C. PHP　　　　　　D. Apache

3. Nginx 是一个高性能的 Web 服务器和反向代理服务器，它具有（　　）特点。（多选）

　　A. 轻量级　　　　　　B. 高性能　　　　　　C. 高可靠　　　　　　D. 易扩展

二、项目实训题

1. 实训背景

Jan16 公司现有业务系统使用了中间件，公司希望管理员能够通过智能运维平台对中间件实施资源监控，且要求管理员能够通过智能运维平台查看中间件的关键信息。同时，智能运维平台能够在中间件的状态发生异常时出现告警提示。项目拓扑如图 9-12 所示，具体要求如下。

（1）安装 Nginx 服务。

（2）配置 Nginx 服务启用状态页。

（3）通过智能运维平台获取中间件状态情况。

（4）模拟 Nginx 中间件故障并进行故障排查。

智能运维服务器
HostName：jan16
OS：Kylin_v10_SP3
IP：192.168.x.105/24

Nginx 服务器
HostName：web
OS：Kylin_v10_SP3
IP：192.168.x.102/24

图 9-12　项目拓扑

2. 实训规划

Zabbix 可以用于监控各种中间件，如数据库、Web 服务器和应用服务器等。对于需要监控的中间件，应当在相应的服务器上安装 Zabbix-agent，并配置该软件以收集中间件的监控数据。

在配置过程中，需要指定智能运维平台的地址，以便将监控数据发送到智能运维平台。之后，需要合理配置监控项、主机模板和告警规则等参数，以确保能够实时、准确地监控中间件的状态和性能指标。例如，可以监控中间件的响应时间、吞吐量、连接数和错误率等关键指标。

服务器基本信息如表 9-3 所示。其中，IP 地址中的 x 为短学号。

表 9-3　服务器基本信息

基本信息	系统版本	IP 地址	用户名	密码	访问方式
智能运维服务器	Kylin_v10_SP3	192.168.x.105/24	root	Jan16@123	ssh root@192.168.x.105
智能运维平台	Kylin_v10_SP3	192.168.x.105/24	Admin	zabbix	http://192.168.x.105/zabbix
Nginx 服务器	Kylin_v10_SP3	192.168.x.102/24	root	Jan16@123	ssh root@192.168.x.102

系统设备信息如表 9-4 所示。

表 9-4　系统设备信息

设备命名	监控地址	软件版本	网络协议	活动端口	监控端口
web	192.168.x.102/24	nginx-1.20.2	HTTP	80	10050

3. 实训要求

（1）使用 yum 命令安装 elinks 服务，用于访问 Nginx 服务页面。之后，使用 elinks 命令访问 Nginx 服务页面。截取"elinks IP 地址"命令的执行结果。

（2）使用 curl 命令访问状态页。截取"curl IP 地址/ngx_status"命令的执行结果。

（3）使用 for 循环模拟用户频繁访问 192.168.x.102 页面的操作。单击 Zabbix 首页左侧的【监测】标签，在出现的下拉列表中选择【主机】选项，弹出【主机】页面，单击【web】一行中的【图形】链接，可以看到 Nginx 服务器的每秒连接数指标有明显上升的情况。截取 Zabbix 图形页面。

（4）使用 pkill nginx 命令关闭网站服务；查看智能运维平台产生的告警并对告警进行分析；在 Zabbix 的【主机】页面中，可以看到【问题】列出现红色数字【1】。截取【主机】页面。

（5）单击红色数字【1】，弹出【问题】页面，可以看到告警原因。截取【问题】页面。

（6）登录 Nginx 服务器，查看端口开启情况，确认 80 端口未开启。截取 netstat -tunpl | grep Nginx 命令的执行结果。

（7）确认 Nginx 服务关闭后，重新开启 Nginx 服务，在【问题】页面中，可以看到【状态】列显示【已解决】。截取【问题】页面。

（8）在浏览器中重新访问 Nginx 服务页面，发现页面恢复正常。截取 Nginx 服务页面。

项目 10　数据库运维

学习目标

知识目标:

(1) 理解 Zabbix-agent2 的功能。

(2) 了解 Zabbix 对数据库的重点监控指标。

能力目标:

(1) 掌握智能运维平台监控数据库的方法。

(2) 掌握典型故障的处理方法。

素养目标:

(1) 强化对数据隐私的保护,确保在监控和管理过程中遵守相关的数据保护法规,树立数据保护意识。

(2) 合理设置监控权限,防止未授权访问,增强数据库的安全性,强化数据保护与合规意识。

项目描述

Jan16 公司现有业务系统使用了 MySQL 数据库,公司希望管理员能够通过智能运维平台对数据库实施资源监控,且要求管理员能够通过智能运维平台查看 MySQL 数据库的关键信息。同时,智能运维平台能够在 MySQL 数据库的状态发生异常时出现告警提示。项目拓扑如图 10-1 所示,具体要求如下。

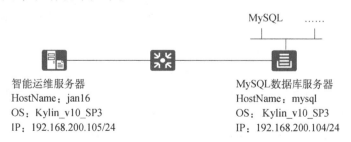

智能运维服务器
HostName:jan16
OS:Kylin_v10_SP3
IP:192.168.200.105/24

MySQL数据库服务器
HostName:mysql
OS:Kylin_v10_SP3
IP:192.168.200.104/24

图 10-1　项目拓扑

（1）添加 MySQL 监控用户。

（2）在智能运维平台上添加 MySQL 数据库监控。

（3）在数据库监控中新增大量写入数据，并进行比对。

（4）模拟数据库故障并进行故障处理。

项目分析

根据项目描述，Jan16 公司的管理员已经在智能运维服务器上安装好智能运维平台，现在管理员需要使用该平台对公司的数据库资源进行配置并实施监控，模拟组件故障告警，进行故障排查与维护操作。

因此，本项目可以通过以下工作任务来完成。

（1）添加 MySQL 监控用户。

（2）平台纳管数据库 MySQL。

（3）进行典型故障处理。

项目规划

Zabbix 可以使用 Zabbix-agent2 来监控数据库。在数据库服务器上安装 Zabbix-agent2 后，需要指定智能运维平台的地址，以便将监控数据发送到智能运维平台。之后，需要合理配置监控项、主机模板和告警规则等参数，以确保能够实时、准确地监控数据库的状态和性能指标。一旦数据库的状态异常或性能下降，Zabbix-agent2 就会立即发送告警信息给智能运维平台，触发相应的告警规则。管理员可以根据告警信息迅速定位问题并进行处理，确保数据库的正常运行和高性能。此外，Zabbix 还提供了数据报表和可视化功能，可以方便地查看数据库的性能趋势和状态，为优化和调整提供依据。如果需要，管理员还可以模拟数据库故障场景，测试 Zabbix 的告警功能是否正常。

服务器基本信息如表 10-1 所示。系统设备信息如表 10-2 所示。

表 10-1　服务器基本信息

基本信息	系统版本	IP 地址	用户名	密码	访问方式
智能运维服务器	Kylin_v10_SP3	192.168.200.105/24	root	Jan16@123	ssh root@192.168.200.105
智能运维平台	Kylin_v10_SP3	192.168.200.105/24	Admin	zabbix	http://192.168.200.105/zabbix
MySQL 数据库服务器	Kylin_v10_SP3	192.168.200.104/24	root	Jan16@123	ssh root@192.168.200.104
MySQL 数据库服务器	Kylin_v10_SP3	192.168.200.104/24	root	Jan16@123	mysql -h 192.168.200.104
MySQL 数据库服务器	Kylin_v10_SP3	192.168.200.104/24	monitor	Jan16@123	mysql -h 192.168.200.104

表 10-2　系统设备信息

设备命名	IP 地址	软件版本	网络协议	活动端口	监控端口
mysql	192.168.200.104/24	MySQL Community Server 8.0.31	MySQL	3306	10050

相关知识

10.1　Zabbix-agent2

Zabbix-agent2 是新一代的 Zabbix-agent，旨在提供更高效、更灵活的监控服务。与第一代的 Zabbix-agent 相比，它能够减少 TCP 连接数量，提供改进的并发性检查功能，并且可以使用插件扩展功能。

Zabbix-agent2 主要支持 Windows 和 Linux 平台，而 Zabbix-agent 支持包括 Windows、Linux、macOS、IBM AIX、FreeBSD、OpenBSD 和 Solaris 在内的多种平台。两者都具备跨平台的能力，但 Zabbix-agent2 在平台支持上更加专注于特定的操作系统。

Zabbix-agent2 是使用 Go 语言编写的，复用了一些 Zabbix-agent 中的 C 语言代码。这使得它在保证性能的同时，具备更好的跨平台兼容性。此外，Zabbix-agent2 在构建时需要配置当前支持的 Go 语言环境，确保在编译和运行过程中能够充分利用 Go 语言的优势。

Zabbix-agent2 是一个采集监控指标的守护进程。它原生支持大量操作系统级别的监控指标的采集，如内存、CPU、存储、文件系统信息等，还提供原生的日志监控功能。

10.2　Zabbix 对数据库的重点监控指标介绍

Zabbix 可以监控 MySQL 数据库的各项性能指标，主要包括以下四大类。

（1）查询吞吐量：涵盖 select、insert、update 和 delete 操作的语句每秒的条数。

（2）查询执行性能：反映 SQL 语句执行的效率和速度。

（3）连接情况：监控当前打开的连接数、等待关闭的连接数等。

（4）缓冲池使用情况：监控 MySQL 数据库服务器的缓冲池使用情况，如缓存的命中率等。

Zabbix 中的监控项主要用于对目标设备的各项指标数据进行采集和处理，是监控系统中的核心部分。例如，对于 MySQL 数据库，可能需要配置和管理不同的监控项，以获取上述各项指标数据。同时，针对 MySQL 数据库的监控，也需要进行相应的操作，如安装 MySQL 数据库、关闭防火墙等。在监控过程中，Zabbix 服务进程首先调用 DB-API 中的连接函数，建立与数据库的连接，然后将 SQL 查询语句发送给数据库，并接收返回的结果集；最后，将结果集转换为 JSON 格式或 XML 格式的数据，并将其存储到 MySQL 数据库中。

Zabbix 通过这种方式实现了对数据库性能指标的实时监控和数据采集。同时，由于 Zabbix 支持多种数据库类型，如 MySQL、PostgreSQL 等，因此这种基于 DB-API 的数据采集方式具有很好的通用性和可扩展性。

项目实施

扫一扫，看微课

任务 10-1　添加 MySQL 监控用户

 任务规划

根据项目分析，管理员需要添加 MySQL 监控用户，以便通过智能运维平台对 MySQL 数据库进行监控。

任务实施

（1）在 MySQL 数据库服务器上创建监控用户 jan16，密码为 Jan16@123，并且可以在智能运维服务器上远程登录，代码如下。

```
[root@localhost ~]# mysql -uroot -p
Enter password:
Welcome to the MySQL monitor.  Commands end with ; or \g.
Your MySQL connection id is 9
Server version: 8.0.31 MySQL Community Server - GPL

Copyright (c) 2000, 2023, Oracle and/or its affiliates.

Oracle is a registered trademark of Oracle Corporation and/or its
affiliates. Other names may be trademarks of their respective
owners.

Type 'help;' or '\h' for help. Type '\c' to clear the current input statement.

mysql> create user jan16 identified by 'Jan16@123';
Query OK, 0 rows affected (0.00 sec)

mysql> create database jan16_test character set utf8 collate utf8_bin;
Query OK, 1 row affected, 2 warnings (0.00 sec)
```

```
mysql> grant all privileges on jan16_test.* to 'jan16';
Query OK, 0 rows affected（0.00 sec）

mysql> flush privileges;
Query OK, 0 rows affected（0.00 sec）

mysql> quit
Bye
```

（2）测试智能运维平台，连接 MySQL 数据库并新建数据表、插入数据，代码如下。

```
[root@localhost ~]# mysql -ujan16 -pJan16@123 -h192.168.200.104 jan16_test
mysql: [Warning] Using a password on the command line interface can be
insecure.
Welcome to the MySQL monitor. Commands end with ; or \g.
Your MySQL connection id is 10
Server version: 8.0.31 MySQL Community Server - GPL

Copyright (c) 2000, 2022, Oracle and/or its affiliates.

Oracle is a registered trademark of Oracle Corporation and/or its
affiliates. Other names may be trademarks of their respective
owners.

Type 'help;' or '\h' for help. Type '\c' to clear the current input statement.

mysql> CREATE TABLE `user` (
    ->      `id` int（11）NOT NULL  AUTO_INCREMENT,
    ->      `username` varchar（50）NOT NULL,
    ->      `password` varchar（50）NOT NULL,
    ->     `email` varchar（50）NOT NULL,
    ->     `regtime` datetime NOT NULL,
    ->     `lasttime` datetime NOT NULL,
    ->     PRIMARY KEY (`id`)
    ->     );
Query OK, 0 rows affected, 1 warning（0.01 sec）

mysql> show tables;
+---------------------+
| Tables_in_jan16_test |
+---------------------+
| user                |
+---------------------+
1 row in set（0.00 sec）

mysql> INSERT  INTO  `user`  VALUES  （'1', 'admin', 'admin',
'jan16@jan16.cn', '2016-03-01 00:00:00', '2016-03-01 00:00:00'）;
Query OK, 1 row affected（0.02 sec）
```

```
mysql> select * from user;
+----+----------+----------+----------------+---------------------+---------------------+
| id | username | password | email          | regtime             | lasttime            |
+----+----------+----------+----------------+---------------------+---------------------+
|  1 | admin    | admin    | jan16@jan16.cn | 2016-03-01 00:00:00 | 2016-03-01 00:00:00 |
+----+----------+----------+----------------+---------------------+---------------------+
1 row in set（0.00 sec)

mysql> quit
Bye
```

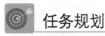 **任务验证**

在 MySQL 数据库服务器上进行本地测试，查询新建的 user 表，执行代码及验证结果如下。

```
[root@localhost ~]#  mysql jan16_test -e "select * from user;" -pJan16@123
mysql: [Warning] Using a password on the command line interface can be insecure.
+----+----------+----------+----------------+---------------------+---------------------+
| id | username | password | email          | regtime             | lasttime            |
+----+----------+----------+----------------+---------------------+---------------------+
|  1 | admin    | admin    | jan16@jan16.cn | 2016-03-01 00:00:00 | 2016-03-01 00:00:00 |
+----+----------+----------+----------------+---------------------+---------------------+
```

任务 10-2　平台纳管数据库 MySQL

扫一扫，看微课

任务规划

根据项目分析，当 MySQL 监控用户 jan16 添加完成，并且智能运维服务器可以正常连通 MySQL 数据库时，管理员可以在智能运维平台上添加 MySQL 数据库监控，主要涉及以下步骤。

（1）安装 Zabbix-agent2。

（2）添加 MySQL 数据库监控。

（3）查看 MySQL 监控状态。

任务实施

1. 安装 Zabbix-agent2

（1）切换网络源，下载 Go 语言安装包，代码如下。

```
[root@mysqld    ~]#    wget    https://golang.goo***.cn/dl/go1.22.2.linux-
amd64.tar.gz
    --2024-04-08  14:01:17--    https://golang.goo***.cn/dl/go1.22.2.linux-
amd64.tar.gz
    正在解析主机golang.google.cn（golang.google.cn）... 180.163.151.34
    正在连接 golang.google.cn （golang.google.cn）|180.163.151.34|:443... 已
连接。
    已发出HTTP请求，正在等待回应... 302 Found
    位置: https://dl.goo***.com/go/go1.22.2.linux-amd64.tar.gz [跟随至新的URL]
    --2024-04-08    14:01:18--    https://dl.goo***.com/go/go1.22.2.linux-
amd64.tar.gz
    正在解析主机dl.google.com（dl.google.com）... 180.163.151.161
    正在连接dl.google.com（dl.google.com）|180.163.151.161|:443... 已连接。
    已发出HTTP请求，正在等待回应... 200 OK
    长度: 68958123 （66M） [application/x-gzip]
    正在保存至: "go1.22.2.linux-amd64.tar.gz.1"

    go1.22.2.linux-amd64.tar.gz
100%[=======================================>]   65.76M   42.0MB/s   用时
1.6s

    2024-04-08 14:01:20 （42.0 MB/s） - 已保存 "go1.22.2.linux-amd64.tar.gz.1"
[68958123/68958123]）
    [root@mysqld ~]# mv go1.22.2.linux-amd64.tar.gz /usr/local/
    [root@mysqld ~]# cd /usr/local/
    [root@mysqld local]# tar zxf go1.22.2.linux-amd64.tar.gz
    [root@mysqld local]# ls
    bin  etc  games  go  go1.22.2.linux-amd64.tar.gz  include  lib  lib64
libexec  sbin  share  src
```

（2）将下载好的 Go 语言安装包解压缩之后，得到 go 文件夹，此时为系统添加环境变量 go ，代码如下。

```
    [root@mysqld local]# vim /etc/profile
    77   export GOROOT=/usr/local/go
    78   export GOPATH=$HOME/go
    79   export PATH=$PATH:$GOROOT/bin:$GOPATH/bin
    [root@mysqld local]# source /etc/profile
```

（3）将之前下载好的 Zabbix 6.4.6 源码包解压缩，启用并编译下载 zabbix_agent2 文件，代码如下。

```
[root@mysql ~]# tar -zxf zabbix-6.4.6.tar.gz  ##解压缩 Zabbix 6.4.6 源码包
[root@mysql ~]# cd zabbix-6.4.6/
[root@mysql zabbix-6.4.6]#  ./configure  --enable-agent2      ## 启 用
zabbix_agent2 文件
checking for a BSD-compatible install... /usr/bin/install -c
checking whether build environment is sane... yes
checking for a race-free mkdir -p... /usr/bin/mkdir -p
checking for gawk... gawk
checking whether make sets $（MAKE）... yes
……省略部分内容……
********************************************************
*          Now run 'make install'               *
*                                                *
*          Thank you for using Zabbix!           *
*             <http://www.zab***.com>            *
********************************************************


[root@mysql zabbix-6.4.6]#
[root@mysql zabbix-6.4.6]# make install  ##编译下载 zabbix_agent2 文件
Making install in include
make[1]: 进入目录"/root/zabbix-6.4.6/include"
make[2]: 进入目录"/root/zabbix-6.4.6/include"
make[2]: 对"install-exec-am"无须做任何事。
make[2]: 对"install-data-am"无须做任何事。
make[2]: 离开目录"/root/zabbix-6.4.6/include"
make[1]: 离开目录"/root/zabbix-6.4.6/include"
Making install in src
make[1]: 进入目录"/root/zabbix-6.4.6/src"
Making install in libs
……省略部分内容……
make[2]: 进入目录"/root/zabbix-6.4.6"
make[2]: 对"install-exec-am"无须做任何事。
make[2]: 对"install-data-am"无须做任何事。
make[2]: 离开目录"/root/zabbix-6.4.6"
make[1]: 离开目录"/root/zabbix-6.4.6"
[root@mysql zabbix-6.4.6]#
```

（4）创建一个名称为 zabbix 的新用户组，同时创建一个名称为 zabbix 的新用户，用于
运行 Zabbix 守护进程，代码如下。

```
[root@mysql zabbix-6.4.6]# groupadd --system zabbix
[root@mysql zabbix-6.4.6]# useradd --system -g zabbix -d /usr/lib/zabbix
```

```
-s /sbin/nologin -c "zabbix Monitoring System" zabbix
[root@mysql zabbix-6.4.6]# mkdir -m u=rwx,g=rwx,o= -p /usr/lib/zabbix
[root@mysql zabbix-6.4.6]# chown zabbix:zabbix /usr/lib/zabbix
[root@mysql zabbix-6.4.6]#
```

（5）修改 zabbix_agent2.conf 文件，输入智能运维服务器的 IP 地址，启用 zabbix_agent2，代码如下。

```
[root@mysql ~]# vim /usr/local/etc/zabbix_agent2.conf
Server=192.168.200.105
ServerActive=192.168.200.105
Hostname=mysql
[root@mysql ~]# zabbix_agent2
Starting Zabbix Agent 2 (6.4.6)
Zabbix Agent2 hostname: [mysql]
Press Ctrl+C to exit.
```

（6）执行 netstat -tunpl 命令，可以看到 10050 端口已经开启，代码如下。

```
[root@mysql ~]# netstat -tunpl | grep 10050
tcp6       0       0 :::10050                 :::*              LISTEN
3042/zabbix_agent2
```

2. 添加 MySQL 数据库监控

（1）在【添加主机】窗口中，设置【主机名称】为【mysql】，【模板】为【MySQL by Zabbix agent 2】，【主机群组】为【Databases】；并设置接口的【类型】为【Agent】，【IP 地址】为【192.168.200.104】；【端口】默认为【10050】，如图 10-2 所示。

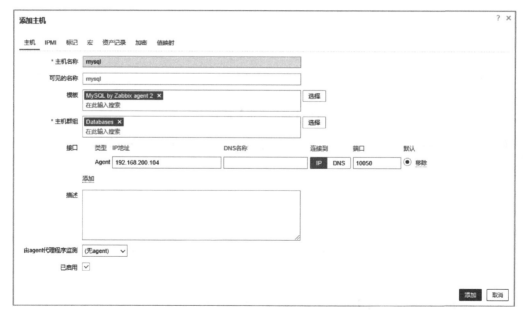

图 10-2　【添加主机】窗口（1）

（2）选择【宏】选项卡，分别输入宏的名称【{$MYSQL.DSN}】和值

【tcp://192.168.200.104:3306】，输入宏的名称【{$MYSQL.PASSWORD}】和值【Jan16@123】，输入宏的名称【{$MYSQL.USER}】和值【monitor】，单击【添加】按钮，如图10-3所示。

添加主机 ? ×

主机 IPMI 标记 宏 3 资产记录 加密 值映射

	MAX.WARN}			更改 ⊂ MySQL by Zabbix agent 2: "10"
The maximum number of created tmp tables on a disk per second for trigger expressions.				
{$MYSQL.CREATED_TMP_FILES.MAX.WARN}	10	T ∨	更改 ⊂ MySQL by Zabbix agent 2: "10"	
The maximum number of created tmp files on a disk per second for trigger expressions.				
{$MYSQL.CREATED_TMP_TABLES.MAX.WARN}	30	T ∨	更改 ⊂ MySQL by Zabbix agent 2: "30"	
The maximum number of created tmp tables in memory per second for trigger expressions.				
{$MYSQL.DSN}	tcp://192.168.200.104:3306	T ∨	移除 ⊂ MySQL by Zabbix agent 2: "<Put your DSN>"	
System data source name such as <tcp://host:port or unix:/path/to/socket/>.				
{$MYSQL.INNODB_LOG_FILES}	2	T ∨	更改 ⊂ MySQL by Zabbix agent 2: "2"	
Number of physical files in the InnoDB redo log for calculating innodb_log_file_size.				
{$MYSQL.PASSWORD}	Jan16@123	T ∨	移除 ⊂ MySQL by Zabbix agent 2: ""	
MySQL user password.				
{$MYSQL.REPL_LAG.MAX.WARN}	30m	T ∨	更改 ⊂ MySQL by Zabbix agent 2: "30m"	
The lag of slave from master for trigger expression.				
{$MYSQL.SLOW_QUERIES.MAX.WARN}	3	T ∨	更改 ⊂ MySQL by Zabbix agent 2: "3"	
The number of slow queries for trigger expression.				
{$MYSQL.USER}	monitor	T ∨	移除 ⊂ MySQL by Zabbix agent 2: ""	
MySQL user name.				
{$SNMP_COMMUNITY}	public	T ∨	更改 ⊂ "public"	
描述				

添加

添加 取消

图 10-3 【添加主机】窗口（2）

（3）返回【主机】页面，可以看到【mysql】主机已被纳入监控，如图10-4所示。

名称 ▲	接口	可用性	标记	状态	最新数据	问题	图形	仪表盘	Web监测
mysql	192.168.200.104:10050	ZBX	class: database target: mysql	已启用	最新数据 48	Problems	图形 6	仪表盘 1	Web监测
Zabbix server	127.0.0.1:10050	ZBX	class: os class: software target: linux •••	已启用	最新数据 134	Problems	图形 25	仪表盘 4	Web监测

显示 2，共找到 2

图 10-4 【主机】页面

3. 查看 MySQL 监控状态

单击 Zabbix 首页左侧的【监测】标签，在出现的下拉列表中选择【主机】选项，弹出【主机】页面，单击【mysql】一行中的【仪表盘 1】链接，可以看到 MySQL 数据库的部分数据集合，如图10-5所示。

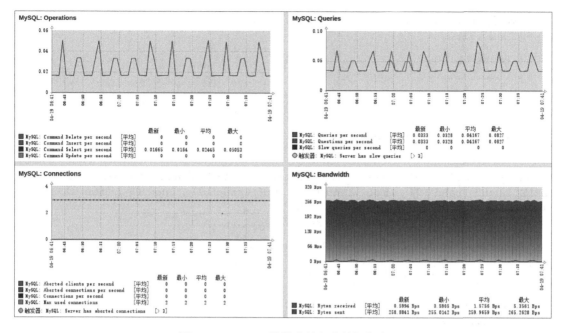

图 10-5　MySQL 数据库的部分数据集合

 任务验证

（1）在智能运维服务器上远程登录到 MySQL 数据库后，模拟插入大量数据，执行代码及验证结果如下。

```
[root@localhost   ~]# mysql   -ujan16   -pJan16@123   -h192.168.200.104
jan16_test
mysql: [Warning] Using a password on the command line interface can be
insecure.
Reading table information for completion of table and column names
You can turn off this feature to get a quicker startup with -A

Welcome to the MySQL monitor.  Commands end with ; or \g.
Your MySQL connection id is 18
Server version: 8.0.31 MySQL Community Server - GPL

Copyright (c) 2000, 2022, Oracle and/or its affiliates.

Oracle is a registered trademark of Oracle Corporation and/or its
affiliates. Other names may be trademarks of their respective
owners.

Type 'help;' or '\h' for help. Type '\c' to clear the current input
statement.
```

```
mysql> select count (1) from user;
+----------+
| count (1) |
+----------+
|        1 |
+----------+
1 row in set  (0.05 sec)

mysql> INSERT INTO `user` (username, password, email, regtime, lasttime)
SELECT md5 (rand ()), md5 (rand ()), md5 (rand ()), now (), now ()  FROM
information_schema.columns LIMIT 700;
Query OK, 700 rows affected (0.02 sec)
Records: 700 Duplicates: 0 Warnings: 0


mysql> select count (1) from user;
+----------+
| count (1) |
+----------+
|    701   |
+----------+
1 row in set  (0.05 sec)



mysql> quit
Bye
```

（2）在智能运维平台上，可以看到发送给客户端的每秒连接数有明显上升的情况，如图 10-6 所示。

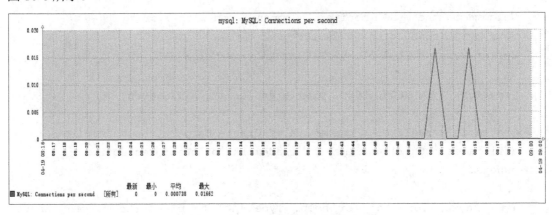

图 10-6 发送给客户端的每秒连接数

任务 10-3　进行典型故障处理

任务规划

根据项目分析，管理员需要针对已监控的 MySQL 数据库模拟故障的产生和告警，并且对故障进行排查处理，主要涉及以下步骤。

（1）关闭 MySQL 服务。

（2）查看智能运维平台产生的告警并对告警进行分析。

（3）对故障进行排查处理。

任务实施

1. 关闭 MySQL 服务

在 MySQL 数据库服务器上，关闭 MySQL 服务，代码如下。

```
[root@mysql ~]# systemctl stop mysqld.service
```

2. 查看智能运维平台产生的告警并对告警进行分析

（1）在 Zabbix 的【主机】页面中，可以看到【问题】列出现红色数字【1】，如图 10-7 所示。

名称 ▲	接口	可用性	标记	状态	最新数据	问题	图形	仪表盘	Web监测
mysql	192.168.200.104:10050	ZBX	class: database target: mysql	已启用	最新数据 49	1	图形 6	仪表盘 1	Web监测
Zabbix server	127.0.0.1:10050	ZBX	class: os class: software target: linux ...	已启用	最新数据 134	Problems	图形 25	仪表盘 4	Web监测

图 10-7　【主机】页面

（2）单击红色数字【1】，弹出【问题】页面，可以看到告警原因为【MySQL:Service is down】，表示 MySQL 服务关闭，如图 10-8 所示。

	时间 ▼	严重性	恢复时间	状态	信息	主机	问题	持续时间	更新	动作	标记
	08:48:48	严重		问题		mysql	↕ MySQL: Service is down	1m 21s	更新		class: database component: application component: health ...

图 10-8　【问题】页面

3. 对故障进行排查处理

（1）在智能运维服务器上，测试连接数据库服务，代码如下。

```
[root@localhost ~]# mysqladmin -h192.168.200.104 -P3306 -umonitor -pJan16@123 ping
mysqladmin: [Warning] Using a password on the command line interface can be insecure.
mysqladmin: connect to server at '192.168.200.104' failed
error: 'Can't connect to MySQL server on '192.168.200.104:3306' (113)'
Check that mysqld is running on 192.168.200.104 and that the port is
```

```
3306.
    You can check this by doing 'telnet 192.168.200.104 3306'
```

（2）在智能运维服务器上，对 MySQL 数据库的 3306 端口进行连通性测试，代码如下。

```
[root@localhost ~]# nmap -p3306 192.168.200.104
Starting Nmap 7.92 ( https://nmap.org ) at 2023-09-27 10:47 CST
Nmap scan report for 192.168.200.104
Host is up (0.00051s latency).

PORT      STATE     SERVICE
3306/tcp filtered mysql
MAC Address: 00:0C:29:49:AA:63 (VMware)

Nmap done: 1 IP address (1 host up) scanned in 0.12 seconds
[root@localhost ~]#
```

（3）登录 MySQL 数据库服务器，检查服务状态和对应端口策略，代码如下。

```
[root@mysql ~]# netstat -tunlp | grep 3306
[root@mysql ~]#
```

（4）确认 MySQL 服务关闭后，重新开启 MySQL 服务，代码如下。

```
[root@mysql ~]# systemctl restart mysqld.service
[root@mysql ~]# netstat -tunlp | grep 3306
tcp6      0      0 :::33060          :::*              LISTEN      8184/mysqld
tcp6      0      0 :::3306           :::*              LISTEN      8184/mysqld
[root@mysql ~]#
```

（5）在 Zabbix 的【主机】页面中，可以看到【问题】列由红色数字【1】变为蓝色数字
【1】，如图 10-9 所示。

名称 ▲	接口	可用性	标记	状态	最新数据	问题	图形	仪表盘	Web监测
mysql	192.168.200.104:10050	ZBX	class: database target: mysql	已启用	最新数据 49	1	图形 6	仪表盘 1	Web监测
Zabbix server	127.0.0.1:10050	ZBX	class: os class: software target: linux •••	已启用	最新数据 134	Problems	图形 25	仪表盘 4	Web监测

图 10-9　【主机】页面

（6）单击蓝色数字【1】，弹出【问题】页面，可以看到告警原因为【MySQL:Service has
been restarted(uptime＜10m)】，而之前 MySQL 服务关闭的告警已经解决，如图 10-10 所示。

	时间 ▼	严重性	恢复时间	状态	信息	主机	问题	持续时间	更新	动作	标记
☐	08:51:46	信息		问题		mysql	MySQL: Service has been restarted (uptime < 10m) 📄	50s	更新		class: database component: application scope: notice •••
☐	08:48:48	严重	08:51:48	已解决		mysql	↑ MySQL: Service is down	3m	更新		class: database component: application component: health •••

图 10-10　【问题】页面

📖 任务验证

单击 Zabbix 首页左侧的【监测】标签，在出现的下拉列表中选择【主机】选项，弹出【主

机】页面，单击【mysql】一行中的【仪表盘 1】链接，可以看到重新收集到的 MySQL 数据库的数据集合，如图 10-11 所示。

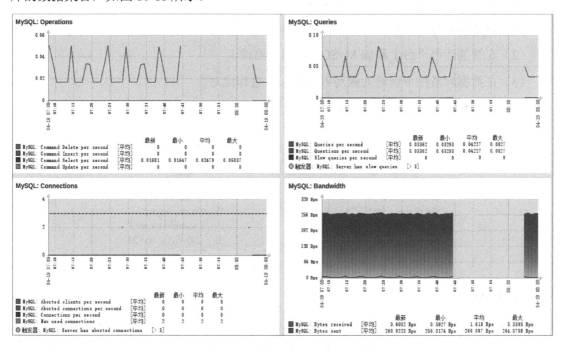

图 10-11　重新收集到的 MySQL 数据库的数据集合

项目拓展

一、理论题

1. Zabbix-agent2 是新一代的 Zabbix-agent，与第一代的 Zabbix-agent 相比，它能够减少（　　）连接数量，提供改进的并发性检查功能，并且可以使用插件扩展功能。

  A. IP　　　　　　　　B. FTP　　　　　　　　C. HTTP　　　　　　　　D. TCP

2. Zabbix-agent2 主要支持（　　）平台。（多选）

  A. Windows　　　　　B. Linux　　　　　　　C. macOS　　　　　　　D. FreeBSD

3. Zabbix 可以监控 MySQL 数据库的各项性能指标，主要包括（　　）。（多选）

  A. 查询吞吐量　　　　　　　　　　　　B. 查询执行性能

  C. 连接情况　　　　　　　　　　　　　D. 缓冲池使用情况

二、项目实训题

1. 实训背景

Jan16 公司服务器现有业务系统使用了 MySQL 数据库，公司希望管理员能够通过智能运维平台对数据库实施资源监控，且要求管理员能够通过智能运维平台查看 MySQL 数据库的关键信息。同时，智能运维平台能够在 MySQL 数据库的状态发生异常时出现告警提示。项目拓扑如图 10-12 所示，具体要求如下。

（1）添加 MySQL 监控用户。

（2）在智能运维平台上添加 MySQL 数据库监控。

（3）在数据库监控中新增大量写入数据，并进行比对。

（4）模拟数据库故障并进行故障处理。

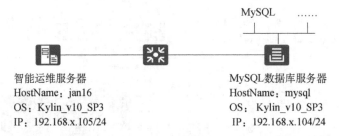

智能运维服务器
HostName：jan16
OS：Kylin_v10_SP3
IP：192.168.x.105/24

MySQL数据库服务器
HostName：mysql
OS：Kylin_v10_SP3
IP：192.168.x.104/24

图 10-12　项目拓扑

2. 实训规划

Zabbix 可以使用 Zabbix-agent2 来监控数据库。在数据库服务器上安装 Zabbix-agent2 后，需要指定智能运维平台的地址，以便将监控数据发送到智能运维平台。之后，需要合理配置监控项、主机模板和告警规则等参数，以确保能够实时、准确地监控数据库的状态和性能指标。一旦数据库的状态异常或性能下降，Zabbix-agent2 就会立即发送告警信息给智能运维平台，触发相应的告警规则。管理员可以根据告警信息迅速定位问题并进行处理，确保数据库的正常运行和高性能。此外，Zabbix 还提供了数据报表和可视化功能，可以方便地查看数据库的性能趋势和状态，为优化和调整提供依据。如果需要，管理员还可以模拟数据库故障场景，测试 Zabbix 的告警功能是否正常。

服务器基本信息如表 10-3 所示。其中，IP 地址中的 x 为短学号。

表 10-3　服务器基本信息

基本信息	系统版本	IP 地址	用户名	密码	访问方式
智能运维服务器	Kylin_v10_SP3	192.168.x.105/24	root	Jan16@123	ssh root@192.168.x.105
智能运维平台	Kylin_v10_SP3	192.168.x.105/24	Admin	zabbix	http://192.168.x.105/zabbix
MySQL 数据库服务器	Kylin_v10_SP3	192.168.x.104/24	root	Jan16@123	ssh root@192.168.x.104
MySQL 数据库服务器	Kylin_v10_SP3	192.168.x.104/24	root	Jan16@123	mysql -h 192.168.x.104
MySQL 数据库服务器	Kylin_v10_SP3	192.168.x.104/24	名字缩写+短学号	Jan16@123	mysql -h 192.168.x.104

表 10-4　系统设备信息

设备命名	IP 地址	软件版本	网络协议	活动端口	监控端口
mysql	192.168.x.104/24	MySQL Community Server 8.0.31	MySQL	3306	10050

3. 实训要求

（1）在 MySQL 数据库服务器上进行本地测试，建立并查询 test 数据库中新建的 user 表。截取"mysql 用户名-e "select * from user;" -p 密码"命令的执行结果。

（2）在智能运维服务器上远程登录到 MySQL 数据库后，模拟插入大量数据。截取 select count (1) from user 及 INSERT INTO`user` () SELECT md5 (rand()), md5 (rand()) FROM information_schma.columns LIMIT 599 命令的执行结果。

（3）在智能运维平台上，可以看到发送给客户端的每秒连接数有明显上升的情况。截取 Zabbix 的图形页面。

（4）在 MySQL 数据库服务器上，关闭 MySQL 服务。截取 systemctl stop mysqld.service 及 systemctl status mysqld.service 命令的执行结果。

（5）查看智能运维平台产生的告警并对告警进行分析。在 Zabbix 的【主机】页面中，可以看到【问题】列出现红色数字【1】。截取【问题】页面。

（6）单击红色数字【1】，弹出【问题】页面，可以看到告警原因。截取【问题】页面。

（7）确认 MySQL 服务关闭后，重新开启 MySQL 服务。截取 systemctl restart mysqld.service 及 netstat -tunlp | grep 3306 命令的执行结果。

（8）单击 Zabbix 首页左侧的【监测】标签，在出现的下拉列表中选择【主机】选项，弹出【主机】页面，单击【mysql】一行中的【仪表盘 1】链接，可以看到重新收集到的 MySQL 数据库的数据集合。截取【仪表盘】页面。

项目 11　业务系统运维

学习目标

知识目标：

（1）掌握业务系统的基本概念、分类和功能。

（2）掌握 Zabbix 大屏的功能。

能力目标：

（1）掌握分析业务系统需求的能力。

（2）掌握通过智慧运维平台设计业务系统运维方案的能力。

（3）掌握通过智慧运维平台制作业务监控大屏的方法。

素养目标：

（1）将复杂的技术数据通过 Zabbix 大屏转化为直观、易于理解的图表，锻炼创新与设计思维。

（2）设计易于操作和理解的业务系统图，提高用户的运维效率，培养用户需求导向意识。

项目描述

Jan16 公司已经建设了一个高效的云数据中心以满足公司数字化业务对计算和存储的需求。该云数据中心投入运营后，就承载了公司 ERP、门户网站等多个关键业务系统。公司希望管理员能够通过智能运维平台的业务监控大屏实现对公司 ERP、门户网站等业务系统的监控。公司网络拓扑如图 11-1 所示。

本项目将以公司门户网站为例，具体要求如下。

（1）对门户网站关联的所有对象进行监控，并根据依赖关系配置门户网站的业务系统拓扑。

（2）部署业务监控大屏，实现对门户网站等业务系统重点指标的监测。

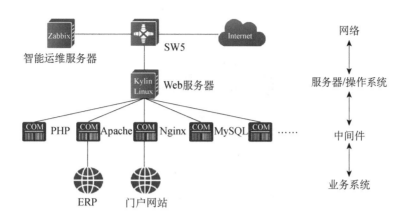

图 11-1　公司网络拓扑

项目分析

　　早期部署的智能运维平台实现了网络设备、服务器硬件、云计算平台、操作系统等设施的监控。但是，当出现故障时，它不能显性反映故障系统所关联的业务系统，管理员需要进一步评估故障系统对业务系统的影响。

　　在信息化背景下，业务系统作为企业生产活动最重要的支撑平台，确保其有效运行是管理员的首要任务。相应地，与企业关键业务系统相关的 ICT 基础设施的故障通常都被定义为重要且紧急的事件。因此，需要厘清每个业务系统和中间件、操作系统、服务器等支撑对象的依赖关系，并绘制出业务系统拓扑。同时，将业务系统拓扑上的所有对象纳入监测，当其出现故障时，将直接反馈为业务系统故障，以便管理员及时处置。

　　企业关键业务系统通常采用高可用架构，此时，其支撑的任意节点出现故障都不会导致业务系统不可用。因此，可能导致管理者对这些故障的处置不及时，从而带来更严重的后果。这时，配置业务监控大屏就显得尤为重要，将每个业务系统的支撑对象故障直接显著地标识在业务系统本身，就可以实现管理员对所有业务系统的有效监测和维护。

　　综上所述，本项目将针对公司业务系统部署一个业务监控大屏，以便直观地监测公司业务系统的运行状态。可以通过以下步骤实现业务监控大屏的部署。

　　（1）纳管门户网站业务系统的关联对象，包括中间件、操作系统、服务器、虚拟化平台、Web 站点等。

　　（2）配置业务系统拓扑，真实反映门户网站业务系统和纳管对象的依赖关系。

　　（3）配置业务监控大屏，实现对门户网站业务系统拓扑节点关键指标的监测与管理。

项目规划

　　根据门户网站的业务系统和中间件、操作系统、服务器、网络等对象的依赖关系，门户网站的业务系统拓扑如图 11-2 所示（这里省略了云计算平台、服务器等对象）。

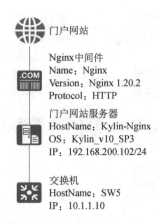

门户网站

Nginx中间件
Name：Nginx
Version：Nginx 1.20.2
Protocol：HTTP

门户网站服务器
HostName：Kylin-Nginx
OS：Kylin_v10_SP3
IP：192.168.200.102/24

交换机
HostName：SW5
IP：10.1.1.10

图 11-2　门户网站的业务系统拓扑

公司门户网站涉及的服务器基本信息如表 11-1 所示。

表 11-1　服务器基本信息

名称	系统版本	IP 地址	用户名	密码	访问方式
智能运维服务器	Kylin_v10_SP3	192.168.200.105	root	Jan16@123	ssh
门户网站服务器	Kylin_v10_SP3	192.168.200.102	root	Jan16@123	ssh

网络设备信息如表 11-2 所示。

表 11-2　网络设备信息

设备名称	设备类型	型号	管理 IP 地址	SNMP 版本	团体名
SW5	交换机	S5700	10.1.1.10	v2c	jan16

服务器操作系统信息如表 11-3 所示。

表 11-3　服务器操作系统信息

设备名称	操作系统	监控地址	监控端口号
Kylin-Nginx	Kylin_v10_SP3	192.168.200.102	10050

中间件信息如表 11-4 所示。

表 11-4　中间件信息

名称	中间件对象	IP 地址	软件版本	端口号
Nginx	Nginx	192.168.200.102	Nginx 1.20.2	10050

门户网站信息如表 11-5 所示。

表 11-5　门户网站信息

名称	监控网页	网络协议	端口号
门户网站	http://192.168.200.102/index.html	HTTP	80

智能运维平台访问方式信息如表 11-6 所示。

表 11-6　智能运维平台访问方式信息

名称	用户名	密码	访问方式
智能运维平台	Admin	zabbix	http://192.168.200.105/zabbix

相关知识

11.1　企业的业务系统和关键业务系统

1. 企业的业务系统

在信息化背景下，业务系统被定义为支持企业日常运营和业务流程的一整套信息化工具和平台。它涵盖了企业运营的各个方面，包括但不限于销售、采购、库存、生产、财务、人力资源管理等，实现了企业资源的集中管理和信息的实时共享。业务系统的目标是通过技术手段提高企业运作效率，减少浪费，从而增强企业的市场竞争力。

业务系统通常包含多个子系统或模块，每个子系统负责处理特定的业务逻辑。例如：

（1）销售管理系统负责订单处理、客户关系维护等。

（2）采购管理系统负责供应商管理、采购订单生成等。

（3）生产制造管理系统负责生产计划制订、物料管理、设备管理等。

业务系统具有集成性、灵活性和可扩展性的特点，能够将各个分散的子系统整合，实现信息的互通和共享，根据不同的业务需求进行快速调整和优化，并随着企业规模的扩大而不断升级和完善。

2. 企业的关键业务系统

关键业务系统是指对企业运营至关重要的信息系统。这类系统直接关系到企业的核心竞争力和持续经营能力。如果关键业务系统出现故障或中断，将会导致重大的经济损失或业务瘫痪，甚至严重影响企业的声誉和客户满意度。

关键业务系统往往需要具备极高的可用性、容灾能力，以及可靠的维护保障体系，以确保其在任何情况下都能稳定运行。例如，银行的交易系统、电信运营商的网络监控系统、制造业的生产控制系统、医疗机构的病人信息系统等。这些系统在设计和运营上都需要特别关注安全性、可靠性及灾难恢复能力，以确保企业能够持续提供关键服务而不受内部或外部因素的干扰。

11.2　ICT 基础设施和业务系统的关系

ICT 基础设施和业务系统之间存在着紧密且相互依赖的关系。ICT 基础设施是支撑业务系统运行的基石，包括网络、云计算平台、存储系统、操作系统、中间件等组件，为业务系统提供了必要的技术平台和环境。可见，ICT 基础设施与业务系统之间的关系是多层面的，每一层都为上一层提供支持和服务，同时依赖下一层的技术和资源。下面分别从以下几个关键组件举例说明。

1. 网络

网络是 ICT 基础设施的基石，负责连接企业内外的各种设备，确保数据在不同系统和用户之间传输。它包括局域网（Local Area Network，LAN）、广域网（Wide Area Network，WAN）、无线网络（如 Wi-Fi）、网络设备（如交换机、路由器、防火墙等），以及网络管理软件等。网络不仅支持企业内部的通信，还可以使企业连接到互联网，与全球的客户、供应商和合作伙伴进行交互。

2. 云计算平台

云计算平台为企业提供了弹性和可扩展的计算资源，减少了企业对本地硬件的依赖。在云计算平台中，云服务主要分为基础设施即服务（Infrastructure as a Service，IaaS），提供虚拟化的计算、存储和网络资源；平台即服务（Platform as a Service，PaaS），提供开发和部署应用的环境；软件即服务（Software as a Service，SaaS），直接提供应用程序。云计算平台使得企业能够按需获取计算能力，快速响应业务需求变化，同时降低了成本和复杂性。

3. 存储系统

存储系统用于存放企业的数据和文件，包括传统的硬盘存储、固态存储、磁盘阵列及云存储服务。存储系统必须保证数据的安全性、完整性和可访问性，同时还需要提供高效的读写性能，以支持业务系统的高速运行。

4. 操作系统

操作系统是计算机硬件和应用程序之间的桥梁，它管理着硬件资源，为应用程序提供运行环境。在企业环境中，常见的操作系统有 Windows Server、Linux、UNIX 等。操作系统确保了应用程序的稳定运行，同时提供了安全机制和资源调度功能。

5. 中间件

中间件位于操作系统之上、应用程序之下，它的作用是简化应用开发和集成，提供跨平台的通信和数据共享服务。中间件可以是消息队列、事务处理监控器、Web 服务器、应用服务器、数据库连接池等。它使得不同应用程序之间能够相互通信，支持分布式计算环境下的业务流程。

综上所述，这些组件共同构成了 ICT 基础设施，它们彼此紧密相连，共同支撑着业务系统的运行。例如，网络确保了数据在各层之间顺畅流动；云计算平台提供了灵活的计算资源；存储系统保证了数据的安全存储；操作系统提供了应用程序运行的基础环境；中间件则促进了应用程序之间的通信和数据交换。这些组件的健康运行是业务系统稳定、高效运行的前提。通过精心设计和管理 ICT 基础设施，企业可以确保业务系统的高可用性、安全性和响应速度，从而支持企业的业务目标和发展战略。

11.3 Zabbix 大屏介绍

Zabbix 大屏是一种可视化工具，用于展示 Zabbix 监控系统中的实时数据。它可以将大量的监控数据以图表、地图、仪表盘等形式展示在一个统一的页面上，以便用户实时监控整个 ICT 基础设施的性能和状态。

Zabbix 大屏通常具有以下特点。

（1）可视化：Zabbix 大屏以图表、地图、仪表盘等形式展示监控数据，直观易懂。

（2）实时数据：Zabbix 大屏展示的监控数据实时更新，用户可以随时掌握基础设施的性能和状态变化情况。

（3）自定义显示：用户可以根据自己的需求自定义 Zabbix 大屏的显示内容，如调整图表类型、颜色、大小等。

（4）多屏展示：Zabbix 支持创建多个大屏，以便用户同时监控多个方面，如服务器、网络、应用等。

（5）交互式控制：用户可以在 Zabbix 大屏上进行交互式操作，如打开图表查看详细信息，或者触发告警。

Zabbix 大屏可以帮助企业更好地了解其 ICT 基础设施的性能和状态，及时发现和解决问题，确保业务的稳定运行。

项目实施

任务 11-1 纳管门户网站业务系统的关联对象

扫一扫，看微课

 任务规划

根据项目分析，管理员需要纳管门户网站业务系统的关联对象。项目 3 中已经纳管了交换机【SW5】，项目 9 中已经纳管了中间件【Web】，这里将其重命名为【Nginx】，本项目还需要纳管操作系统【Kylin-Nginx】和 Web 站点【门户网站】，主要涉及以下步骤。

（1）纳管操作系统【Kylin-Nginx】。

（2）纳管 Web 站点【门户网站】。

 任务实施

1. 纳管操作系统【Kylin-Nginx】

在前面的项目中，已经把主机【kylin-v10】纳入 Zabbix 监控，【Kylin-Nginx】的操作系统与项目 8 中【kylin-v10】的操作系统是相同的。使用 Zabbix 提供的主机克隆功能可快速纳管相同操作系统的对象。

（1）单击 Zabbix 首页左侧的【数据采集】标签，在出现的下拉列表中选择【主机】选项，弹出主机列表页面，单击【kylin-v10】链接，打开【kylin-v10】的【主机】页面。

（2）单击【克隆】按钮，在弹出的如图 11-3 所示的【添加主机】窗口中设置【主机名称】为【Kylin-Nginx】，【主机群组】为【Discovered hosts】和【Linux servers】；并设置接口的【类型】为【Agent】，【IP 地址】为【192.168.200.102】。

图 11-3 【添加主机】窗口

（3）单击【添加】按钮，完成操作系统【Kylin-Nginx】的纳管。

2. 纳管 Web 站点【门户网站】

（1）单击 Zabbix 首页左侧的【数据采集】标签，在出现的下拉列表中选择【主机】选项，弹出如图 11-4 所示的主机列表页面。

（2）找到并单击主机【Nginx】一行的【Web 监测】链接，弹出如图 11-5 所示的【Web 监测】页面。

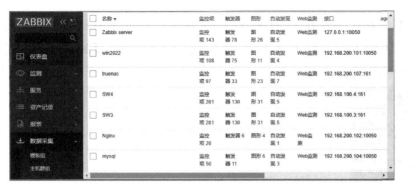

图 11-4　主机列表页面

图 11-5　【Web 监测】页面

（3）单击右上角的【创建 Web 场景】按钮，弹出如图 11-6 所示的【Web 场景】的【场景】配置页面，在【名称】文本框中输入监测对象的名称【index】。

图 11-6　【场景】配置页面

（4）单击【步骤】按钮，进入如图 11-7 所示的【Web 场景】的【步骤】配置页面。

（5）单击【添加】按钮，弹出如图 11-8 所示的【web 方案步骤】窗口，在【名称】文本框中输入【访问门户网站】,在【URL】文本框中输入【http://192.168.200.102/index.html】,在【超时】文本框中输入【15s】,在【要求的状态码】文本框中输入【200】,单击【添加】按钮。

图 11-7 【步骤】配置页面

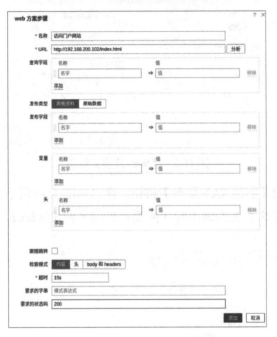

图 11-8 【web 方案步骤】窗口

(6)单击【标记】按钮,进入如图 11-9 所示的【Web 场景】的【标记】配置页面。在【名称】文本框中输入【Application】,在【值】文本框中输入【web check】,单击【添加】按钮。

图 11-9 【标记】配置页面

（7）返回【Web 监测】页面，在【Web 监测】页面的下方可以看到新建的 Web 监控，结果如图 11-10 所示。

	名称 ▲	步骤数量	间隔	尝试次数	认证	HTTP 代理	状态	标记	信息
	index	1	1m	1	无	否	已启用	Application: web check	

显示 1，共找到 1

图 11-10　【Web 监测】页面

📖 任务验证

（1）单击 Zabbix 首页左侧的【监测】标签，在出现的下拉列表中选择【主机】选项，弹出【主机】页面，可以看到主机【Kylin-Nginx】已被纳入 Zabbix 监控，结果如图 11-11 所示。

名称 ▲	接口	可用性	标记	状态	最新数据	问题	图形	仪表盘	Web监测
Kylin-Nginx	192.168.200.102:10050	ZBX	class: os target: linux	已启用	最新数据 108	Problems	图形 20	仪表盘 2	Web监测
Nginx	192.168.200.102:10050	ZBX	class: software target: nginx	已启用	最新数据 26	Problems	图形 4	仪表盘 1	Web监测 1

图 11-11　【主机】页面

（2）单击主机【Nginx】一行中的【Web 监测 1】链接，在弹出的【Web 监测 1】页面中单击名称【index】，可以在【Web 场景详情：index】页面中监测到门户网站的速度及响应时间，结果如图 11-12 所示。

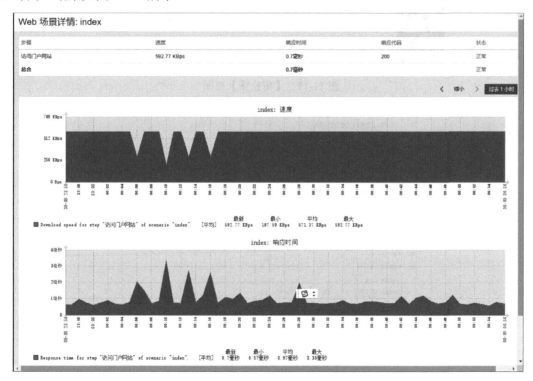

图 11-12　【Web 场景详情：index】页面

任务 11-2　配置业务系统拓扑

任务规划

将门户网站业务系统关联的中间件、操作系统、Web 站点等支撑对象纳管后，就可以根据其依赖关系在系统中配置业务系统的网络拓扑，主要涉及以下步骤。

（1）为门户网站新建拓扑图。

（2）根据业务系统拓扑，将其支撑对象添加到网络拓扑中。

任务实施

1. 为门户网站新建拓扑图

（1）单击 Zabbix 首页左侧的【监测】标签，在出现的下拉列表中选择【拓扑图】选项，在弹出的如图 11-13 所示的【拓扑图】页面中单击右上角的【创建拓扑图】按钮，弹出如图 11-14 所示的拓扑图设置窗口。

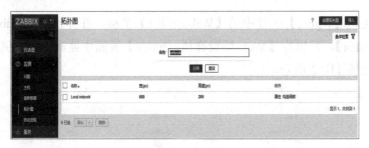

图 11-13　【拓扑图】页面

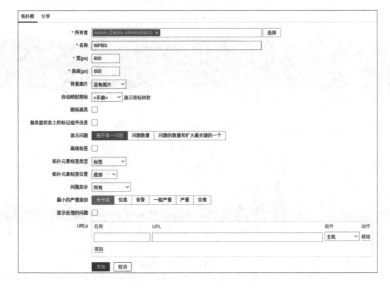

图 11-14　拓扑图设置窗口

（2）在【名称】文本框中输入【WPBS】，单击【添加】按钮，完成门户网站拓扑图的创建。

（3）返回【拓扑图】页面（见图 11-15），单击拓扑图名称【WPBS】，可以打开【WPBS】拓扑图对应的【拓扑图】页面，由于此时还未搭建拓扑，所以页面内容为空，如图 11-16 所示。

名称 ▼	宽(px)	高度(px)	动作
WPBS	800	600	属性 构造函数

图 11-15　【拓扑图】页面

图 11-16　【WPBS】拓扑图对应的【拓扑图】页面

2. 根据业务系统拓扑，将其支撑对象添加到网络拓扑中

根据图 11-2，门户网站的业务系统拓扑包括业务系统【门户网站】、中间件【Nginx】、操作系统【Kylin-Nginx】和交换机【SW5】，下面将依次添加这些支撑对象到网络拓扑中。

（1）添加业务系统【门户网站】到网络拓扑中。

单击【WPBS】拓扑图对应的【拓扑图】页面右上角的【编辑拓扑图】按钮，弹出【网络拓扑图】编辑页面。之后单击【地图元素】右侧的【添加】链接，生成一个名称为【新的组件】的图形组件，结果如图 11-17 所示。

图 11-17　【网络拓扑图】编辑页面

单击该图形组件，在弹出的【地图元素】窗口中按图 11-18 所示的配置完成业务系统【门户网站】的添加。

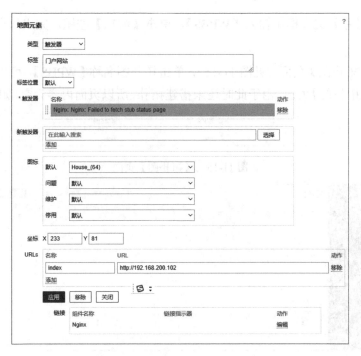

图 11-18　业务系统【门户网站】的配置

（2）添加中间件【Nginx】到网络拓扑中。

继续在【网络拓扑图】编辑页面中添加新的图形组件并单击，在弹出的【地图元素】窗口中按图 11-19 所示的配置完成中间件【Nginx】的添加。

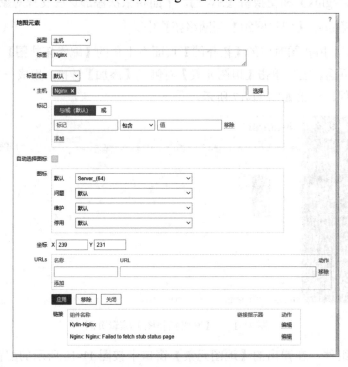

图 11-19　中间件【Nginx】的配置

（3）添加操作系统【Kylin-Nginx】到网络拓扑中。

继续在【网络拓扑图】编辑页面中添加新的图形组件并单击，在弹出的【地图元素】窗口中按图 11-20 所示的配置完成操作系统【Kylin-Nginx】的添加。

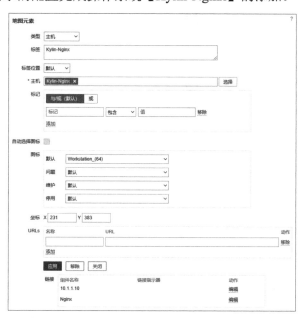

图 11-20　操作系统【Kylin-Nginx】的配置

（4）添加交换机【SW5】到网络拓扑中。

继续在【网络拓扑图】编辑页面中添加新的图形组件并单击，在弹出的【地图元素】窗口中按图 11-21 所示的配置完成交换机【SW5】的添加。

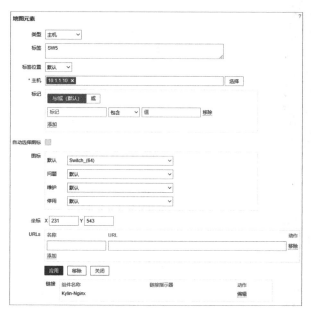

图 11-21　交换机【SW5】的配置

（5）门户网站的网络拓扑搭建完成后，效果如图 11-22 所示。

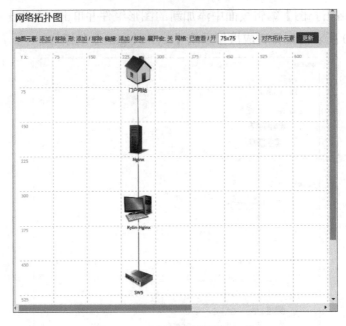

图 11-22　门户网站的网络拓扑

任务验证

在【拓扑图】页面中单击拓扑图名称【WPBS】，在弹出的【WPBS】拓扑图对应的【拓扑图】页面中，可以看到配置完成的门户网站的网络拓扑，如图 11-23 所示。

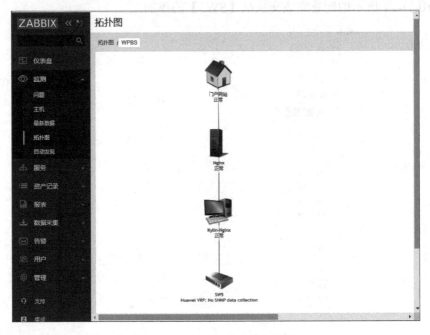

图 11-23　门户网站的网络拓扑

任务 11-3　配置业务监控大屏

任务规划

本任务要求部署一个门户网站的业务监控大屏，实现对硬件、操作系统、中间件、业务系统等对象关键指标的监测，并将这些指标展示在大屏上，以便管理员监测和管理。

针对业务系统的监测指标非常多，本任务将结合拓扑图、主机可用性、图形、问题等组件对门户网站业务系统的系统运行状态、网站响应时间、巡检频度等指标进行监测，主要涉及以下步骤。

（1）添加拓扑图组件。可配置对目标网络拓扑的监测，显示其是否正常运行。若节点出现故障，则该节点将提示故障，以便快速定位故障对象。

（2）添加主机可用性组件。可配置对业务系统依赖节点的监测，判断其是否正常运行。本任务以监测门户网站依赖的 3 个节点为例。

（3）添加图形组件。可配置对目标对象性能数据的监测。本任务以监测网站的响应时间为例。

（4）添加问题组件。可配置对目标对象的问题进行显性显示。本任务以显示所有对象的严重性问题为例。

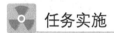

任务实施

1. 添加拓扑图组件

（1）单击 Zabbix 首页左侧的【仪表盘】标签，弹出如图 11-24 所示的【仪表盘】页面，单击右上角的【创建仪表盘】按钮，创建一个新的仪表盘。

图 11-24　【仪表盘】页面

（2）在弹出的如图 11-25 所示的【仪表盘属性】窗口中，在【名称】文本框中输入【门户网站业务大屏】，单击【应用】按钮，弹出【门户网站业务大屏】页面，如图 11-26 所示。

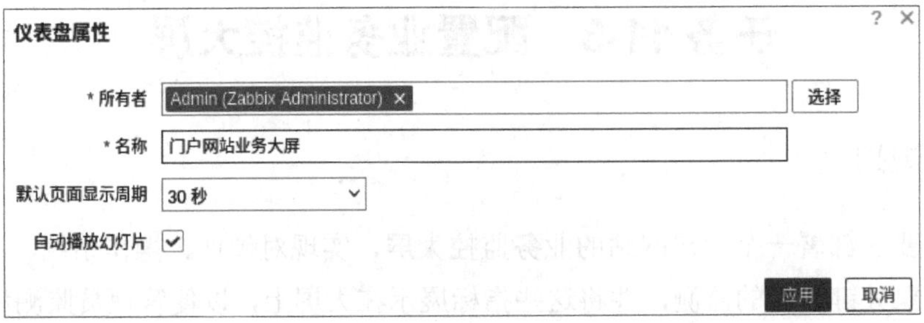

图 11-25　【仪表盘属性】窗口

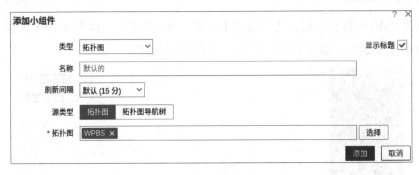

图 11-26　【门户网站业务大屏】页面（1）

（3）单击右上角的【+添加】下拉按钮，在弹出的下拉列表中选择【添加小组件】选项，弹出【添加小组件】窗口。在【类型】下拉列表中选择【拓扑图】选项，设置【拓扑图】为【WPBS】，如图 11-27 所示。

图 11-27　【添加小组件】窗口（1）

（4）单击【添加】按钮，完成拓扑图组件的添加。调整拓扑图组件的大小和位置，结果如图 11-28 所示。

2. 添加主机可用性组件

（1）打开【添加小组件】窗口，在【类型】下拉列表中选择【主机可用性】选项，设置【主机群组】为【Linux servers】、【接口类型】为【Zabbix 客户端】，如图 11-29 所示。

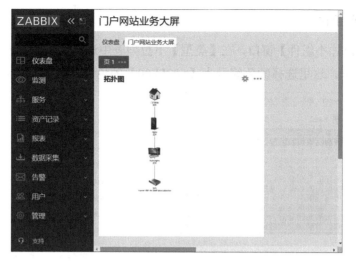

图 11-28　【门户网站业务大屏】页面（2）

图 11-29　【添加小组件】窗口（2）

（2）单击【添加】按钮，完成主机可用性组件的添加。调整主机可用性组件的大小和位置，结果如图 11-30 所示。

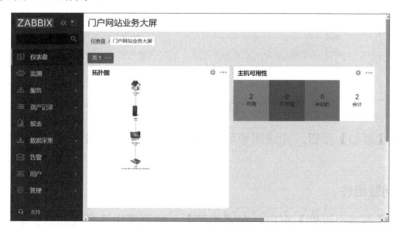

图 11-30　【门户网站业务大屏】页面（3）

3. 添加图形组件

（1）打开【添加小组件】窗口，在【类型】下拉列表中选择【图形】选项，并为展示的图形选择配色色卡，这里选择颜色编号为【#00FF00】的色卡，如图 11-31 所示。

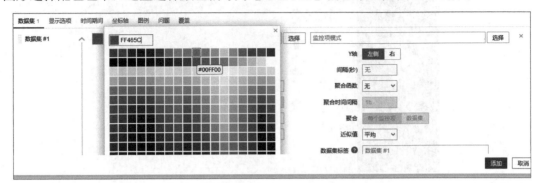

图 11-31　选择配色色卡

（2）在【主机样式】功能框中选择中间件【Nginx】，在【监控项模式】功能框中选择监控指标为【Nginx: Service response time】，结果如图 11-32 所示。

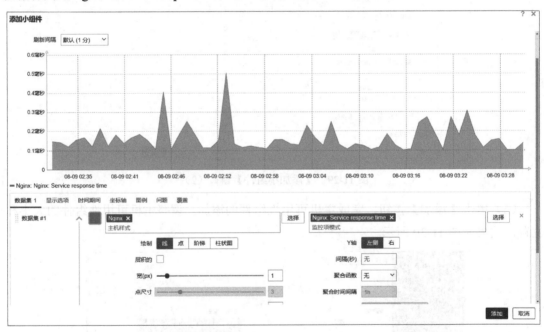

图 11-32　【添加小组件】窗口（3）

（3）单击【添加】按钮，完成图形组件的添加。调整图形组件的大小和位置，结果如图 11-33 所示。

4. 添加问题组件

（1）打开【添加小组件】窗口，在【类型】下拉列表中选择【问题】选项，设置【主机】为操作系统【Kylin-Nginx】、中间件【Nginx】和交换机【10.1.1.10】，在【严重性】选项组中勾选【未分类】、【告警】、【严重】、【信息】、【一般严重】和【灾难】复选框，如图 11-34 所示。

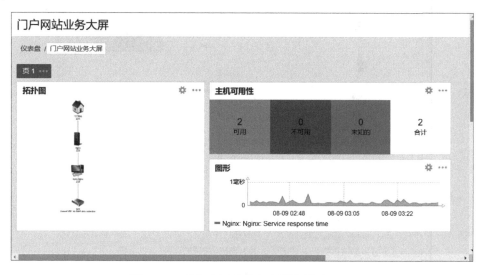

图 11-33　【门户网站业务大屏】页面（4）

图 11-34　【添加小组件】窗口（4）

（2）单击【添加】按钮，完成问题组件的添加。调整问题组件的大小和位置，结果如图 11-35 所示。

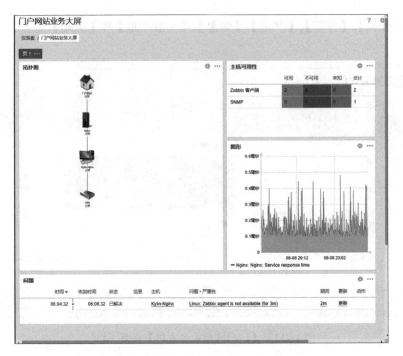

图 11-35 【门户网站业务大屏】页面（5）

📖 任务验证

打开【门户网站业务大屏】页面，可以看到监控大屏已经针对门户网站集成了【拓扑图】、【主机可用性】、【图形】和【问题】子视图，效果如图 11-36 所示。

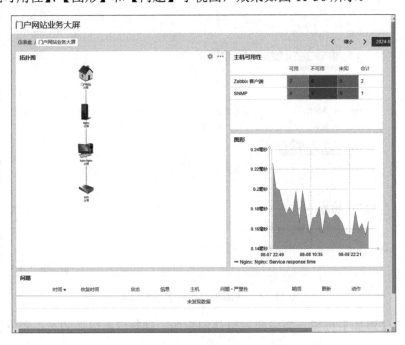

图 11-36 【门户网站业务大屏】页面的最终效果

项目拓展

一、理论题

1. 业务系统的目标是（　　）。

    A. 提升企业运作效率　　　　　　　B. 减少企业员工数量

    C. 增加企业开支　　　　　　　　　D. 扩大企业办公面积

2. 下列选项中不是 ICT 基础设施组成部分的是（　　）。

    A. 网络　　　　　　　　　　　　　B. 操作系统

    C. 中间件　　　　　　　　　　　　D. 销售管理系统

3. 关键业务系统的特点不包括（　　）。

    A. 高可用性　　　　　　　　　　　B. 容灾能力

    C. 维护保障体系　　　　　　　　　D. 不影响企业声誉

4. ICT 基础设施的关键组件有（　　）。（多选）

    A. 存储　　　　　　　　　　　　　B. 云计算平台

    C. 操作系统　　　　　　　　　　　D. 网络

    E. 中间件

5. Zabbix 大屏的特点包括（　　）。（多选）

    A. 可视化　　　　　　　　　　　　B. 实时数据

    C. 自定义显示　　　　　　　　　　D. 多屏展示

    E. 交互式控制

二、项目实训题

1. 实训背景

Jan16 公司已经建设了一个高效的云数据中心以满足公司数字化业务对计算和存储的需求。该云数据中心投入运营后，就承载了公司 ERP、门户网站等多个关键业务系统。公司希望管理员能够通过智能运维平台的业务监控大屏实现对公司 ERP、门户网站等业务系统的监控。针对 ERP 系统的具体要求如下。

（1）纳管 ERP 系统的关联对象。

（2）配置 ERP 系统拓扑。

（3）配置业务监控大屏。

ERP 系统拓扑如图 11-37 所示。

2. 实训规划

管理员部署智能运维平台业务系统拓扑和业务监控

 ERP系统

中间件
Name：Nginx
Version：Nginx 1.20.2
Protocol：HTTP

 操作系统
HostName：Kylin-Nginx
OS：Kylin_v10_SP3
IP：192.168.x.102/24

 交换机
HostName：SW5
IP：10.1.x.10

图 11-37　ERP 系统拓扑

大屏的步骤包括确定拓扑结构，创建并配置系统拓扑，根据需求创建业务监控大屏，进行集成测试，最后部署并发布。在整个过程中，需要清晰展示业务系统结构和设备关系，利用智能运维平台功能定制监控视图，并通过前端技术实现数据嵌入与定制化展示。

3. 实训要求

（1）截取 ERP 系统网络拓扑的关键配置页面。

（2）截取监测页面的速度及响应时间的关键配置页面。

（3）截取业务监控大屏的最终效果页面。